核电气象站建设观测技术

——以四川三坝核电气象观测项目为例

卢德全　陈兰　著

内 容 简 介

本书分四章，第 1 章核电专用气象站项目概况，介绍了核电专用气象站选址、建设、观测、技术分析等多方面的工作；第 2 章核电专用气象站建站观测工作大纲，介绍了大纲编制依据、组织机构、观测仪器设备要求、后勤保障要求、观测规范流程、观测仪器规定、报表填写规范、数据分类规范、观测成果提供规范、工作进度安排等；第 3 章核电专用气象站建站观测质量保证大纲，介绍了大纲编制依据、组织机构的职责和义务、业务规章制度、考核奖励办法等；第 4 章核电专用气象站建站观测与分析报告，通过对观测站的观测数据进行了详细的统计分析并与蓬安气象站数据进行了对比分析，得出气候分析结论。

本书将各方面的工作方法、流程进行了较详细的描述，可以作为今后我国开展类似气象服务项目借鉴。

图书在版编目(CIP)数据

核电气象站建设观测技术 ：以四川三坝核电气象观测项目为例 / 卢德全，陈兰著. —北京：气象出版社，2020.8

ISBN 978-7-5029-7266-0

Ⅰ. ①核… Ⅱ. ①卢… ②陈… Ⅲ. 核电站-气象观测-研究 Ⅳ. ①P41

中国版本图书馆 CIP 数据核字(2020)第 163827 号

Hedian Qixiangzhan Jianshe Guance Jishu——yi Sichuan Sanba Hedian Qixiang Guance Xiangmu Weili

核电气象站建设观测技术——以四川三坝核电气象观测项目为例

出版发行：气象出版社

地　　址：北京市海淀区中关村南大街 46 号　　**邮政编码**：100081

电　　话：010-68407112(总编室)　010-68408042(发行部)

网　　址：http://www.qxcbs.com　　**E-mail**：qxcbs@cma.gov.cn

责任编辑：张锐锐　孔思瑶　　**终　　审**：吴晓鹏

责任校对：张硕杰　　**责任技编**：赵相宁

封面设计：博雅思企划

印　　刷：北京建宏印刷有限公司

开　　本：710 mm×1000 mm　1/16　　**印　　张**：9.875

字　　数：210 千字

版　　次：2020 年 8 月第 1 版　　**印　　次**：2020 年 8 月第 1 次印刷

定　　价：58.00 元

前　言

三坝核电站是四川省拟建的首座核电站，厂址选定于南充市蓬安县三坝乡境内，核电站建设总投资额将达500亿元。为掌握厂址气候状况、气象要素变化规律，积累有代表性的原始观测数据，为分析确定厂址设计气象参数提供基本依据，满足核电工程设计需要，在四川核电一期工程厂址附近设立专用气象观测站，进行一年的气象观测。为做好三坝核电厂建站的前期气候论证服务，南充市气象局围绕核电专用气象站选址、建设、观测、技术分析等多方面开展工作。专用气象站建站观测工作大纲详细描述了核电专用气象站大纲编制依据、组织机构与人员、观测仪器设备要求、专用气象观测站建设及选址规范、设计施工要求、后勤保障要求、观测规范流程、观测仪器规定、报表填写规范、数据分类规范、观测成果提供规范、工作进度安排、环境保护、职业健康、安全目标与措施等。专用气象站质量保障大纲详细描述了大纲编制依据、组织机构的职责和义务、业务规章制度、考核奖励办法等。成果分析报告通过对观测站的观测数据进行了详细的统计分析并与蓬安县气象站数据进行了对比分析，得出气候分析结论。

本书作者卢德全负责前言、第2章核电专用气象站建站观测工作大纲、第4章核电专用气象站建站观测与分析报告中的气压、气温、相对湿度、风向、风速、降水要素的统计与对比分析。陈兰负责第1章核电专用气象站项目概况、第3章核电专用气象站建站观测质量保证大纲、第4章核电专用气象站建站观测与分析报告中蒸发、地温、太阳辐射、日照、湿球温度、云、能见度、天气现象及专用站累年气象要素推算成果的统计与分析。

本书得到了谭旭辉、刘晓云、李道、杨永红等领导和专家的大力支持，在此深表感谢。本书还得到了卢淞岩、青娉楚、姚朋、邹红、刘书惠、李梦等技术人员在部分数据整理、归类、统计、校对方面的大力支持，在此表示感谢。

本书将核电专用气象站选址、建设、观测、技术分析等各方面的工作方法、流程进行了较详细的描述，可以作为今后我国内开展类似气象服务项目借鉴。

目　录

第1章　核电专用气象站项目概况

1.1 工程简介

规划新建的四川核电一期工程位于南充市蓬安县三坝乡境内，西南距南充市约 27 km，东北距蓬安县城约 10 km，嘉陵江从厂址东、北、西三面环绕流过。三坝至蓬安县城有四级公路相连，三坝乡至厂址有机耕道相连，交通较为便利。

在四川核电一期工程厂址附近设立专用气象站，进行一年的气象观测。目的是掌握厂址气候状况和气象要素变化规律，积累有代表性的原始观测数据；为分析确定厂址设计气象参数提供基本依据，满足核电工程设计需要。

1.2 工作内容

项目主要工作内容包括：

(1)专用气象站选址及观测设施布置；

(2)仪器设备选型计划与订购；

(3)专用气象站设计、施工、安装与调试；

(4)专用气象站观测内容为：气压、气温、风速及风向、相对湿度、降水量、蒸发量、太阳辐射(包括总辐射和净辐射)、日照、地温、积雪、各种天气现象等；

(5)观测数据的统计分析，编写观测资料可靠性合理性分析评价报告；

(6)观测时间一整年；

(7)观测期内气象站观测仪器的精心维护，保证在观测一年后气象站各种观测仪器可以正常运行。

1.3 技术要求

1.3.1 应遵循的法律法规、规定和标准

设站、观测、资料整编和数据分析应遵循的法律、法规、规定和标准包括但不限于：《中华人民共和国气象法》《地面气象观测规范》《气象建设项目竣工验收规范》《气象探测环境和设施保护办法》《气象台(站)防雷技术规范》《厂址气象观测计划》(USA NRC RG1.23)，《核电厂质量保证安全规定》(HAF0400〔91〕)，《核电厂厂址查勘、评价和核实中的质量保证》(HAF J0013)。

1.3.2 专用气象站建站观测技术要求

(1)气象站观测场应选择在能较好地反映核电厂气象要素(特别是风)特点

的位置，避免局部地形的影响，满足厂区规划要求，不占用核电厂永久性建筑的位置，不影响核电厂建设期间施工或受到核电站施工的影响，避开高压线走廊。

(2)所选位置应能代表核电厂建成后的厂址及其附近地区的风场、温度场和大气弥散条件的气象特征。

(3)场地开阔，应满足后续观测中100 m高塔塔位及拉线锚位布置的需要。

(4)专用气象站按一般站标准建设，建站技术要求由观测单位根据规范和本技术任务书编制。

(5)仪器性能和精度应满足规范的要求。选用的仪器被应用证明是技术先进、测量精度高、性能稳定可靠、便于维护、价格合理的自动观测记录仪器，采用仪器的型号需得到技术归口单位认可。自动观测设备按一套考虑，不能自动观测的项目采用人工观测设备，并需考虑部分必要的备品备件。仪器应有防雷措施。

(6)仪器用电要求双电源，应有网电与自备电源。

(7)数据处理贮存设备两套。

(8)站房要求平面布置合理、节约、标准、美观。

(9)观测场建设及仪器布置满足规范要求，10 m高测风设施稳定牢固，保持正常运行至后续观测中100 m高塔同步观测期(1年)满为止。

(10)与地方政府及居民和谐相处，制定确保设施安全及正常观测措施。

(11)气象站施工、安装要满足环保和安全的相关要求，制定环保与安全措施。

(12)对于自动观测项目，仪器采样的频率要按规范要求，并且每天安排专业技术人员从事数据收集和仪器、设备巡检维护工作，填写观测、巡检和维护工作记录。每小时对收集数据进行检查、分析，一旦发现数据不正常，维护人员立即赶赴现场对设备进行检修。在恶劣天气前、后加强对所有设备进行检查和维护，发现问题或出现故障及时处理并填写故障记录单。

(13)日常观测维护人员应有相应资质并经过委托方认可。

(14)对自动观测项目应观测到、整编摘录出每日24 h整点数据；风速还应观测、整编摘录出每日10 min及3 s平均最大风速；短历时暴雨还应观测、整编摘录出每个降雨过程(大雨及以上)5 min，10 min，15 min，20 min，30 min，45 min，60 min最大雨量。

(15)由于各种因素造成的连续缺测数据时间应小于48 h，全年的资料联合获取率不低于90%。

(16)应按规范要求对观测资料进行统计、分析、整编，成果应作合理性、可靠性分析与检验，对缺测数据作必要的插补。

(17)气象观测须按技术任务书的要求编制详细的工作大纲、质量保证大纲，评审通过后严格遵照执行。观测仪器安装、调试以及建站完成后，并在初期观测正常后组织专家现场验收。

1.3.3 成果评审

(1)由承担单位组织专家对观测与分析成果报告进行评审(或验收),但评审专家的人员由委托方确定。受委托方应确保其提交的成果通过委托方或业主组织的评审(或验收),委托方的验收不免除承担单位应承担的技术责任。

(2)受委托方应根据评审意见在 20 日内补充完善成果并提交最终成果(报告书)。承担单位有义务参加本工程可研报告审查等有关的技术答辩工作。

1.4 成果提供

1.4.1 提供成果内容

项目提供成果内容包括:

(1)专用气象站选址报告;

(2)专用气象站设计、建造和仪器安装的有关技术说明书和图纸;

(3)专用气象站验收报告;

(4)观测仪器安装、调试报告;

(5)气象站观测分析工作大纲、质量保证大纲;

(6)气象观测原始记录、观测情况说明(正本);

(7)每月 10 日前提交上月月报表;

(8)观测成果分析图表和说明书、计算书;

(9)观测分析报告。

1.4.2 提供成果要求

对于提交的成果报告,所有图表要求清晰,适于复制所有文字和图表最终成果均须提供纸质成果和电子文件。电子文件要求提供可编辑版和不可编辑版两种形式,可编辑版电子文件文字和表格采用 Word 和 Excel 格式,图件采用“.dwg”或“.jpg”格式,不可编辑电子版要求提供 pdf 格式。

1.5 质量保证

(1)受委托方应在项目实施前制定项目工作大纲、质量保证大纲,经委托方批准后方可实施。

(2)受委托方应成立质量管理组织,提供合格的项目负责人和工作人员的资质材料,并接受委托方全过程质量检查(包括工作大纲的审查和成果验收)。

（3）受委托方在项目实施过程中每月应向委托方提交工作月报，报告工作进展情况，若发现重大问题应及时通报委托方。

（4）受委托方应接受委托方、技术管理方不定期的中间检查或质保检查。

第2章　核电专用气象站建站观测工作大纲

核电专用气象站建站观测工作大纲是严格按照项目技术任务书的要求在项目实施前编制完成，需经委托方评审、批准。后续的各项工作需要严格按照工作大纲实施。

2.1 概述

2.1.1 专用气象观测站概况

规划建设的四川核电一期工程专用气象观测站位于南充市蓬安县三坝乡境内，西南距南充市约 27 km，东北距蓬安县城约 10 km，嘉陵江从厂址东、北、西三面环绕流过。三坝乡至蓬安县城有四级公路相连，三坝乡至厂址有机耕道相连，交通较为便利。

2.1.2 观测目的

掌握厂址气候状况、气象要素变化规律，积累有代表性的原始观测数据；分析确定厂址设计气象参数提供基本依据，满足核电工程设计需要。在四川核电一期工程厂址附近设立专用气象观测站，进行一年的气象观测。

2.1.3 任务依据

《四川核电一期工程专用气象站建站观测技术任务书》。

2.2 任务内容要求

项目任务内容要求包括：

(1)专用气象观测站选址及观测设施布置；

(2)专用气象观测站仪器设备选型计划与订购；

(3)专用气象观测站设计、施工、安装与调试；

(4)专用气象观测站观测内容为：气压、气温、风速及风向、相对湿度、降水量、蒸发量、太阳辐射(包括总辐射和净辐射)、日照、地温等；

(5)观测数据的统计分析，编写观测资料可靠性合理性分析评价报告；

(6)观测时间一整年；

(7)观测期内，气象站观测仪器需精心维护；保证在一年观测结束时气象站各种观测仪器可以正常运行。

2.3 大纲编制依据

(1)《中华人民共和国气象法》；

(2)《地面气象观测规范》(2003年版);
(3)《气象建设项目竣工验收规范》(QX/T31-2005);
(4)《气象探测环境和设施保护办法》(2004年版);
(5)《自动气象站场室防雷技术规范》(QX 30-2004);
(6)《建筑物防雷设计规范》(GB 50057-1994);
(7)《气象信息系统雷电电磁脉冲防护规范》(QX3-2000)。

2.4 组织机构与人员职责

为了高标准、高质量地完成四川核电项目三坝厂址气象长周期观测专题的建站、观测与分析等项工作,成立四川核电三坝气象观测项目部。针对项目特点,选派业务技术能力强、工作经验丰富的技术人员组成项目部。

2.5 观测仪器设备

2.5.1 自动观测仪器

根据中国气象局《关于核发气象专用技术装备使用许可证的通知》(气测函〔2008〕119号)文件要求,自动观测仪器拟选用中国华云技术开发公司的"国家级气象观测站全要素CAWS600型自动气象站"的自动记录观测仪器。仪器设备见表2.5.1。

表2.5.1 专用气象观测站自动观测仪器一览表

分类	部件	型号/规格	数量	描述
数据采集系统	数据主采集单元	CAWS600-SE/S	1	输入电压DC12 V;平均工作电流210 mA;工作温度-50~+50 ℃;相对湿度0%~100%;数据采集处理
	机箱	HY-JX01	1	全密封烤瓷机箱及防辐射
	防雷抗干扰单元	FL-02	1	
	采集系统附件		1	
供电系统	供电系统	CAWS-DY03	1	充放电控制,过充过放保护;系统多种供电输出;防雷与抗干扰控制
	电源控制器	DY2A	1	交流输入220 V,直流输出DC12 V
	蓄电池	12V65AH	1	
	附件		1	

续表

分类	部件	型号/规格	数量	描述
传感器	雨量传感器	SL3-1	1	测量范围 0～4 mm/min，分辨率 0.1 mm
	雨量线缆及接插件	RVVP2 * 0.3	1	标配 30 m 信号线
	温湿度传感器	HMP45D	1	测量范围－50～50 ℃，精度±0.2 ℃；湿度范围 0%～100%RH，精度 2%
	温湿度线缆及接插件	RVVP7 * 0.3	1	标配 30 m 信号线
	风向传感器	EL15-2D	1	
	风速传感器	EL15-1A	1	
	风转换器及线缆		1	信号线标配 12 m
	气压传感器	PTB220	1	测量范围 500～1100 hPa；误差范围±0.3 hPa
	地温传感器	TP-01	10	测量范围－50～80 ℃ 精度±0.2 ℃；15 m 信号线 6 只/20 m 信号线 4 只
	地温变送器	CAWS-BS01	1	工作电压 DC12 V
	地温变送线缆及接插件	RVVP7 * 0.3	1	标配 40 m 信号线
	蒸发传感器	AG1-1	1	测量范围 0～100 mm 精度±0.2 mm；工作电压 DC12 V
	蒸发线缆及接插件	RVVP3 * 0.3	1	标配 40 m 信号线
	蒸发皿		1	
	总射辐射表	TBQ-2-B	1	测量范围 0～1400 W/m^2
	净辐射表	FNP-1	1	测量范围－200～1400 W/m^2
	辐射变送器	CAWS-BS02	1	标配 40 m 信号线
	日照传感器	SD4	1	
安装附件	铝钛合金风杆	CAWS-JG02	1	10 m
	百叶箱		1	
	辐射传感器安装支架	CAWS-JGF01	1	
	长线驱动器	25T	1	
	通信电缆及插件	RVVP4 * 0.3	1	标配 200 m

续表

分类	部件	型号/规格	数量	描述
安装附件	传感器线缆及插件		1	
	浅层地温支架		1	
	深层地温套管		1	
配套产品	CAWS600-SE/S 配套软件包	CawsAnyWhere	1	自动站数据接收处理
工程建设	包装、运输、保险		1	
	安装调试		1	
备份				调 配

2.5.2　附属设备

附属设备见表 2.5.2。

表 2.5.2　三坝专用气象站观测场附属设备一览表

名称	型号或规格	单位	数量
围栏	非强反光材料	m	60
草坪		m^2	200
踏凳		个	4
UPS 电源	自动站运行功耗	套	1

2.5.3　业务系统软件

测报业务系统软件按《地面气象观测规范》的要求采用“地面气象测报业务软件”(简称:OSSMO)。OSSMO 主要包括管理设置、参数设置、采集编报、数据维护、监控、报表处理、工作质量、工具、外接程序和帮助九大功能。本软件适用于各类气象台站的地面气象测报业务以及各级审核部门对地面气象观测资料模式文件的审核及信息化处理。

2.6　专用气象观测站建设

2.6.1　选址

选址原则:一、所选站址气象状况对核电厂具有代表性;二、专用气象站观测与核电厂建设运行互不影响；三、便于施工观测与生活；四、充分考虑厂区总平面布置方案、厂址地形条件，且兼顾未来总平面布置的可能变化。在厂址东侧边界附近初步选定了3个候选观测点，经技术、经济综合比较后，确定在厂址东侧的孔家大湾山梁建设四川核电一期工程专用气象观测站。

观测场位于山梁顶部，地势较平坦开阔，场地中约50%为旱地，50%为果树，周围无高大建筑物，仅在周围山坡有零星乔木。

2.6.2 设计、施工

专用气象观测站的观测场、值班室的仪器设备布局设计参照《地面气象观测场值班室建设规范》(气发〔2008〕491号)进行设计建设。其总体要求如下：

(1)各类仪器的支架(支柱，包括地温表支撑架)、踏板应牢固、美观，用油漆涂刷为白色(除自动气象站配套风杆、观测仪器及出厂配套设备外)，不得使用对要素测量有影响的材质(如反光的不锈钢等)。观测场内地沟、小路、底座、踏板等应尽可能减少对自然状态的破坏。

(2)各种电缆线使用线管相连，线管要垂直、水平，与传感器相连处，尽可能少地使电缆线暴露在外。为防雨水流入管内，顶部应接向下的弯管。

(3)在本站的醒目位置设置警示标志、标牌，告示。

(4)观测值班室本着总体美观、布局合理、便于操作维修。值班室安装防盗、防火等安全措施。

(5)观测场和值班室的防雷符合《自动气象站场室防雷技术规范》(QX 30-2004)的要求。

2.6.2.1 观测场设计、施工

2.6.2.1.1 场地与布局

(1)场地

观测场设计为东西、南北向，大小为20 m(南北向)×10 m(东西向)。

观测场地平整，场内整洁。场内保持自然下垫面，草高不超过20 cm；在使用中避免因养护草层对观测场内温、湿度环境造成影响。

在观测场内建设(非沥青等材料)硬化的小路。

在观测场处外置独立避雷针，使观测场仪器设备在直击雷防护区内，独立避雷针设置安装符合《建筑物防雷设计规范》(GB 50057-1994)和《地面气象观测规范》的要求。

为夜间观测方便，在部分仪器旁安装采光灯(冷光源，功率不超过25 W)，铺设供电线缆。

(2)总体布局

场内仪器设施布局参照图2.6.1。

辐射观测仪器设置在观测场南段的观测场南北中心轴线上，距地温场南边缘垂

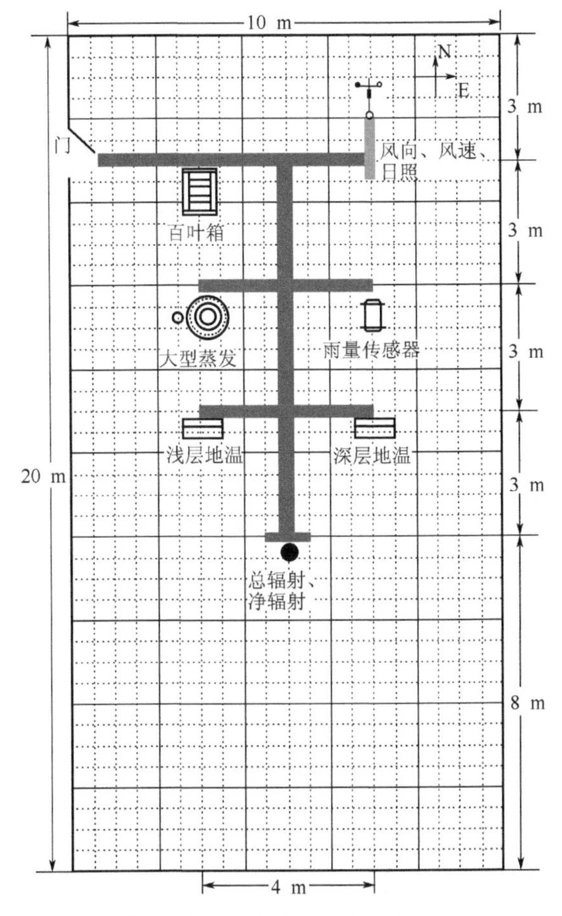

图 2.6.1 观测场仪器平面布置图

距离约 8 m 处，避开支架和仪器阴影对地温观测的直接影响。

(3)围栏

观测场四周设置高度≥1.2 m 的稀疏围栏，选择坚固、美观、耐用的材质，不使用对要素测量有影响的材质(如反光的不锈钢等)。围栏四周高度一致，且水平。

只在围栏立柱处建设基座，基座保证围栏安装的牢固。

(4)小路

观测场内小路宽 30～50 cm，小路旁根据电缆需要铺设线管。小路用可活动的水泥预制板或石材铺设，并结实、美观、耐用。

铺设仪器信号线和电源线的线管用 PVC 管。信号线和电源线不在同一线 PVC 管内，各种接头或引出线端使用专用接头和堵头，保证线管完全密封。

铺设线管应做到防水、防鼠，便于维护。

(5)测站标志

在观测场外的进门处设置测站标牌，大小为 40 cm(长)×65 cm(高)，安装高度约 1.2 m。标牌的内容包括观测站类别、建站时间。

(6)仪器南北标志

在风传感器、日照计的正南方分别设置南北标志。

(7)地温场地(地面和浅层)

地面和浅层地温场四周保持自然状态。

2.6.2.1.2 仪器设备安装

(1)百叶箱

百叶箱采用独立支柱方式安装，基座大小为 45 cm×45 cm，用水泥混凝土浇灌，浇灌前在基座的中心位置预埋信号线和电源线管，单根线管的直径应为 3 cm，线管与地沟相连，基座高出观测场 3～5 cm。

百叶箱安装在支架或支柱上，底边距地面的高度约为 1.25 m 左右，安装牢固。

温湿传感器的百叶箱内安装特制的支架(用圆形不锈钢管制作)，位于百叶箱水平面的中心，电缆线由支架底部穿入管内，管顶取出，传感器固定在横臂的夹子中，头部向下。

百叶箱前安置专用踏梯。踏梯大小一致，长约 60 cm，两级台阶，每级高约 20 cm、宽约 30 cm，平稳放置在地面。

(2)风杆

自动气象站的风杆使用自动气象站配套风杆；风杆用拉线固定。

自动气象站的采集器安装在东边的风杆上，距地面不低于 50 cm。

(3)降水量观测仪器

各降水量观测仪器固定安装在基座上，基座大小约为 35 cm×35 cm，用水泥混凝土浇灌，基座高出观测场 3～5 cm。支架安装牢固。

雨量传感器的口缘距地面的距离为仪器高度，器口水平。

(4)蒸发器

大型蒸发器保持水圈、土圈的完整结构，防塌墙宽度为 6～10 cm，用水泥砌成外围，外围可贴条形瓷砖。

(5)日照计

日照计安装在测场风杆上，见图 2.6.1。

(6)辐射观测仪器

辐射观测仪器安装在观测场南北中心轴线上，距地温场南边缘垂距约 8 m 处，见图 2.6.1。

辐射仪器由配套的专用支架安装，支架固定基座大小为 30 cm×30 cm，基座高出观测场 3～5 cm，下部牢固埋入基座，保证仪器的水平状态。

(7)深层地温

自动观测的深层地温传感器安置在观测场南北中轴线上偏东一侧(见图 2.6.1)，与浅层地温场对称。

深层地温传感器的信号线通过线管相连，线管与传感器外套管相距约 20 cm，高度与外套管平齐，与地面垂直，并排列整齐，顶部接向下的弯管。

(8)地面和浅层地温

地面温度传感器与 5 cm，10 cm，15 cm，20 cm 浅层地温传感器采用同一个支架安装；地面温度传感器安装在浅层温度传感器支架板的顶端，传感器的头部朝向正南；地面温度传感器保持与浅层地温场地面平齐的半裸露状态。

地面和浅层地温传感器以浅层地温传感器支架顶面位置为准，安装在观测场南北中轴线上偏西一侧，与深层地温场对称。

全部缆线均自传感器位置开始，从地面以下 20 cm 深度送入出线井。

地温传感器的中心处于地温场中心东西线上。

(9)自动气象站转接盒

自动气象站转接盒的安置尽可能靠近主线管，电缆线通过线管引入。

2.6.2.2　值班室设计施工

2.6.2.2.1　值班室建设

在观测场旁附近建业务工作值班室，面积约 20 m^2。

2.6.2.2.2　值班室要求

(1)室内装修。简洁大方，整洁、无灰尘，地板采用地板砖，家具、柜子、工作台等简洁大方、整洁，墙面、窗帘等以浅色调为主，照明采用无闪烁日光灯，达到总体美观、布局合理、便于操作维修。

(2)供电。微机设备、照明、空调供电从总配电箱处分开，专线供电。建立 UPS 电源、应急发电、配电等设备专用机房(柜)。上述设备的接地应符合相关规范要求。

(3)防雷。值班室具备有效的直击雷防护措施，有良好的接地体，接地电阻小于 3 Ω，室内仪器设备均可靠接地；值班室供电线路、电话线、网线、信号线及其他入室线安装适配的电源、信号 SPD。

(4)工作台和微机。值班室至少应配备微机桌 2 张、测报专用工作机 1 台、自动气象站备用机 1 台，综合气象观测业务柜等。工作台上摆放与值班有关的各种查算用表：现用仪器号码表、仪器检定证数据和器差订正表、逐日日出日落时间表、风向方位、度数表。

(5)时钟。墙壁醒目位置悬挂有电子时钟，走时误差小于 30 s。

(6)规章制度和资料。墙面上悬挂观测员职责、值班制度、交接班制度、工作流程、场地仪器设备维护制度。

整理装订后的各类资料、各种查算表、业务技术规定、规章制度等专柜存放，在柜子相应位置贴上标签，分类存放，放置整齐、便于取放。

(7)室内配备空调。

(8)备份仪器(材)、常用工具等专柜并分类存放。

2.6.3 综合地网及防雷设计施工

2.6.3.1 独立避雷针

在观测场外设置独立避雷针，使观测场仪器设备在直击雷防护区内，独立避雷针设置安装符合《建筑物防雷设计规范》(GB 50057-1994)和《地面气象观测规范》的要求。

2.6.3.2 自动站仪器设备防雷

自动站仪器设备的防雷应符合《自动气象站场室防雷技术规范》(QX 30-2004)。

2.6.4 仪器设备安装、调试

根据中国气象局《关于核发气象专用技术装备使用许可证的通知》(气测函〔2008〕119号)文件要求，自动观测仪器选用中国华云技术开发公司的“国家级气象观测站全要素CAWS600型自动气象站”的自动记录观测仪器，并请中国华云技术开发公司负责安装、调试。

2.6.5 仪器设备检定

需要检定的仪器设备拟请四川省气象局大气探测技术中心检定。

2.7 后勤保障

2.7.1 工作、生活用房

在观测场附近建造工作用房，建筑面积约60 m^2。其中包括值班室1间，建筑面积约20 m^2；休息室1间，建筑面积约20 m^2；厨房、卫生间、应急供电室各1个，总建筑面积约20 m^2。

2.7.2 附属配套工程

(1)简易道路：连接观测场与值班室，修建一条小路。

(2)通信线路：有线网络，用于工作、生活联络。

(3)水：就近协商，视具体情况而定，以满足工作、生活需要为原则。

(4)电：就近协商，视具体情况而定，以满足工作、生活需要为原则。

(5)燃气：液化气罐。

2.8　观测

2.8.1　观测方式和任务

2.8.1.1　观测方式

本站气象观测采用自动观测仪器观测。

气压、温度、湿度、风向风速、太阳辐射、降水量、蒸发量、地温、日照等气象要素按《地面气象观测规范》的技术规定采用自动观测。

2.8.1.2　观测任务

(1)自动观测项目每天进行 24 次定时观测。

(2)按《地面气象观测规范》规定的统一格式统计整理观测记录,进行记录质量检查,按时形成、保存观测数据文件和报表数据文件,并按要求打印出报表。

(3)对出现有较大影响的灾害性天气及时进行调查记载。

2.8.2　观测程序

自动观测方式观测程序如下:

(1)每日日出后和日落前巡示观测场和仪器设备;

(2)正点前约 10 min 查看显示的自动观测实时数据是否正常;

(3)正点 00 分,进行正点数据采样;

(4)正点 00—01 分,完成自动观测项目的观测,并显示正点定时观测数据,发现有缺测或异常时及时按《地面气象观测规范》第二十三章的规定处理;

(5)每日 20:30—21:00 向数据备份设备备份数据文件;

(6)总辐射的观测,应在日出前把金属盖打开;日落后加盖;若夜间无降水或无其他可能损坏仪器的现象发生,总辐射表也可不加盖。每日上、下午至少一次对总辐射表、净辐射进行检查维护。

2.8.3　时制、日界和对时

2.8.3.1　时制

辐射和自动观测日照采用地方平均太阳时,其余观测项目均采用北京时。

2.8.3.2　日界

辐射和自动观测日照以地方平均太阳时 24 时为日界,其余观测项目均以北京时 20 时为日界。

2.8.3.3　对时

(1)观测工作时钟采用北京时。

(2)自动气象站以自动气象站采集器的内部时钟为观测时钟;采集器与计算机每

小时自动对时一次,保持两者时钟同步;值班员每天 19 时正点检查屏幕显示的采集器时钟,当与电台报时的北京时相差大于 30 s 时,在正点后按自动气象站操作手册规定的操作方法调整采集器的内部时钟。

(3)观测用钟表每日 19 时对时,保证误差在 30 s 之内。

2.9 观测仪器设备保障规定

2.9.1 日常维护

地面仪器的日常维护包括:每天一次小清洁,每月一次全面的维护,湿球纱布更换,地温场疏松。

(1)每天小清洁:清除温、湿度传感器外表灰尘;清除雨量筒、雨量计漏斗内的杂物;每天清洁(或者擦拭)辐射仪器感应部分的玻璃罩(或薄膜罩)上的尘土、露水等附着物。遇有雨雪等特殊天气现象出现、结束时,应及时盖、开辐射表防护罩,清除玻璃罩(薄膜罩)上的附着物。

(2)每月一次的全面维护:清洗百叶箱;清洗雨量筒;大型蒸发器清洗污垢、换水(汲水前先读数,清洗后加水至读数,宜在 1 h 内完成);检查仪器安装的水平状况及安装高度(雨量筒、雨量计、蒸发皿等);检查通信网络是否正常;在市电正常时进行 UPS 的放电(放电日期每月应基本固定,放电起止时间应在值班日记上备注),对蓄电池进行一次保养;检查自动站浅层、深层地温的实时迹线是否正常;检查微机内各参数设置;定期更换净辐射表的薄膜罩、干燥剂。

(3)强降水过后,应及时清除百叶箱内的积水,冬季降雪应及时清除百叶箱内、四周和顶盖上的冻结物,使之自然通风。观测场草高如超标,则进行草坪修整。

(4)地温场的疏松、地温表的安置:如地温场板结,应及时疏松、除草,松土时注意地温传感器电缆位置,切忌损坏。松土后,应注意使地温传感器和地温表一半掩埋土中,浅层地温架顶部与地温场水平。

日常维护注意点:

(1)气压传感器日常维护,定期检查气孔口。

(2)温、湿度传感器维护,温、湿度感应器的头部有防护罩(或保护滤膜),应经常进行清洁,防止灰尘堵塞金属网孔,可用细软毛刷除去灰尘,有条件也可半年更换新的滤膜。

(3)风传感器维护,应经常观察风杯和风向标转动是否灵活平稳,每年定期维护一次风传感器,清洗传感器转动轴承,并检查、校准风向标指北方位(0°)。在冬季遇降雪时,要随时注意风传感器感应部分是否冻结或被雪压牢,如出现这些情况应及时清除冻结物,放风杆时要注意安全,注意不要损坏信号线。

(4)蒸发传感器需定期维护,清除金属网罩上的水垢和金属管内的脏物。

2.9.2　故障报告和应急抢修

在巡视中发现自动站仪器故障，应及时排除；无法排除的，应在 1 h 内向专用气象观测站站长和南充市气象局业务主管部门报告故障现象、原因及已采取的措施等，严禁私自拆卸自动站部件；南充市气象局业务主管部门在问明故障情况后，电话指导观测人员进行故障排除；如还无法恢复工作的，应在接到报告后及时派人携带仪器赶赴现场，采取得力措施先恢复自动站工作，再另行检修。

整个维修过程由观测站记录备案（也可记入值班日记）。

2.10　月数据文件制作流程和规定

2.10.1　月数据文件分类

气象台站每月需形成 A,J,Z,H,R 文件。

A 文件：月地面气象观测数据文件，简称为 A 文件，由 Z 或 B 文件转换得到。由 Z 文件转换形成的 A 文件，存放在 OSSMO 安装目录\AwsSource\下，不包括云、能见度和天气现象等目测项目；由 B 文件转换形成的 A 文件，存放在 OSSMO 安装目录\ReportFile\下，包括所有人工观测和自动站观测资料。这两个目录下的 A 文件同名，台站制作月报表时，使用由 B 文件转换形成的 A 文件。

J 文件：月分钟观测数据文件，简称为 J 文件，由 B 文件和自动站分钟地面数据文件转换得到，存放在 OSSMO 安装目录\ReportFile\下，J 文件包括了自动站要素的分钟资料。

Z 文件：自动站正点地面气象要素数据文件，存放在 OSSMO 安装目录\AwsSource\下；Z 文件是原始的自动站正点资料，不允许编辑修改。

H 文件：自动站正点气象辐射数据文件，存放在 OSSMO 安装目录\AwsSource\下；H 文件是原始的自动站正点资料，不允许编辑修改的。

R 文件：月气象辐射观测数据格式文件，存放在 OSSMO 安装目录\ ReportFile \下，由 H 文件或 RB 文件转换得到。H 文件转换形成的 R 文件存放在\AwsSource\下；RB 文件转换形成的 R 文件存放在\ ReportFile \下；台站制作辐射月报表时，使用由 RB 文件转换形成的 R 文件。

B 文件：逐日地面气象观测基本数据库模版文件。

R 文件：逐日气象辐射基本数据库模版文件。

2.10.2　月数据文件制作流程

(1)做好每日的数据维护工作，输入日照、蒸发、雪深等项目，检查粗值野值情况；注意要素替换问题；进入“逐日地面数据维护”选择月末这天，校对并输入下跨、上跨降水量及日期；辐射逐日数据维护在地方时00时以后进行，还应该在备注栏录入有关的备注情况。

(2)形成信息化文件。在“数据维护”菜单中，选择“B文件→A/J文件”或者“RB文件→R文件”，选择相应月份B/RB文件进行转换，生成当月“A文件”“R文件”“J文件”。

(3)补充月信息化资料。在“数据维护”菜单中，选择“A文件维护”，加载当月A文件。输入封面内容、纪要栏、气候概况栏、备注栏(从气簿-1中进行摘入影响A文件的记录，如：缺测对统计值的影响、启用或更换仪器事项、观测任务的变动、软件升级等项目)；

在“数据维护”菜单中，选择“R文件维护”，加载当月R文件。输入封面内容，校对、现用仪器栏、备注栏(影响R文件的记录、下雨加盖、更换干燥剂薄膜罩、测场割草、TG＞10.00、启用或更换仪器事项、观测任务的变动、软件升级等项目)。

(4)预审。校对气簿-1抄录数据和报表数据是否一致，并对所有资料进行预审；用业务软件自带的审核程序和省级资料审核部门下发的审核程序作初审，对疑误、错误信息进行逐条分析，修改有关数据，并备注。

2.10.3 月数据文件预审内容

月数据文件预审内容：

(1)校对气簿-1的所有记录；各记录之间是否矛盾等；

(2)校对气簿-1抄录数据和报表数据是否一致；

(3)用业务软件自带的审核程序和省级资料审核部门下发的审核程序作复审，对疑误、错误信息进行逐条分析，修改有关数据，并备注；

(4)辐射报表在年初和测场环境变化大时描述测场四周环境变化；

(5)预审完毕，上报月数据文件和相关纸质材料至南充市气象局业务主管部门审核，台站所有原始(记录)资料进行归档。

2.10.4 月数据文件制作要点

报表的制作和预审工作要合理分工，各司其职，一般要求初做、复校和预审各自分开，不能合并。

(1)保证B文件和A文件的数据一致

A文件从B文件转换形成，故首先要保证B文件内容正确。预审时，对转换形成的A文件，用业务软件自带的审核程序和省级资料审核部门下发的审核程序做初审，记下其中明显的错误提示，在B文件里校对修改后，再转换成A文件，做复审，如此几次操作，直至无误。预审工作各站有自己的传统习惯做法，不必苛求一致，但最终要保证B文件和A文件的数据一致，要同步修改，切勿遗漏。例如降水的上下跨数据，若只在 A 文件维护时输入，B 文件未输，则 B 文件转 A 文件后，A 文件中相应资料就清空了，所以建议数据修改都在 B 文件里进行，只有无法在 B 文件中更改时，才在 A 文件维护里进行修改。

(2)保证 RB 文件和 R 文件的数据一致

R 文件由 RB 文件转换形成，故首先要保证 RB 文件数据和备注正确。预审时，对转换形成的 R 文件，用业务软件自带的审核程序和省级资料审核部门下发的审核程序做初审，记下其中明显的错误提示，在 RB 文件里校对修改维护，再转换成 R 文件，做复审，如此几次操作，直至无误。预审工作各站有自己的传统习惯做法，不必苛求一致，但最终要保证 RB 文件和 R 文件的数据一致，要同步修改，切勿遗漏。所以数据修改都在 RB 文件里进行，只有无法在 RB 文件中更改时，才在 R 文件维护里进行修改。

(3)在逐日地面数据维护时，必须对每日的数据进行存盘

如果某日忘了存盘，在报表制作时浏览 B、RB 文件均是正常的，但在转成 A、R 文件时会出现意想不到的错误，尤其是辐射数据维护的情况，这种错误很难发现排除。每次 B 转 A、RB 转 R 后，A、RB 文件里的质量控制码均会初始化，故要保证每次转月数据文件后，A、R 文件在数据维护界面里做一次存盘操作。

台站要对 J 文件的缺测时次做适当说明，写在备注栏(如：分钟记录缺测的日期、小时和起止分钟数)。在日常工作中要注意不要随意关闭采集软件，或长时间停留在采集软件的分钟数据查看界面上，尽量保证分钟数据文件的完整。

台站在完成月数据文件的预审后，及时做好 A，B，J，RB，R 等文件和原始采集资料的备份和存档工作，避免资料被误操作等原因被有误资料覆盖或丢失。

(4)在制作月数据文件时，应该按预报标准明确各种天气过程，如：寒潮天气过程、连阴雨天气过程等。

2.11　提交成果

2.11.1　提供成果内容

提供成果内容：

(1)专用气象站选址报告；

(2)专用气象站设计、建造和仪器安装的有关技术说明书和图纸；

(3)专用气象站验收报告；

(4)观测仪器安装、调试报告；

(5)气象站观测分析工作大纲、质量保证大纲；

(6)气象观测原始记录、观测情况说明(正本)；

(7)每月 10 日前提交上月月报表；

(8)观测成果分析图表和说明书、计算书;

(9)观测分析报告。

2.11.2 提供成果要求

对于提交的成果报告,所有图表要求清晰,适于复制(不能使用蓝图);所有文字和图表最终成果均须提供纸质成果和电子文件。电子文件要求提供可编辑版和不可编辑版两种形式,可编辑版电子文件文字和表格采用 Word 和 Excel 格式,图件才有“.dwg”或“.jpg”格式,不可编辑电子版要求提供 pdf 格式。

2.12 环境保护、职业健康安全目标与措施

建站观测过程中应提高个人和集体环境保护意识,积极向自己熟悉的人和社会大众宣传有关环境保护的法律、法规和规章等,宣传保护环境的重要意义;生活中节约用水、用电,注意保护和美化自己生活和工作中的环境,建站与观测作业重大职业健康安全风险 、重要环境因素清单见表 2.12.1。工作过程中,安全目标应做到以下几点:

(1)严格执行《劳动法》《四川省安全生产条例》等相关法律法规的规定。

(2)安全控制分成事先资料收集和安全教育、事中安全监督与检查、事后总结经验三阶段。

(3)项目负责人必须带头执行安全管理有关规定,同时积极指导、协调、监督员工执行安全管理规定。

(4)工作时间执行《劳动法》的相关规定,禁止疲劳工作,禁止在不适宜的气象条件工作,禁止在不具备劳动条件下工作。

(5)野外工作严格按局有关安全的相关规定和细则执行。

(6)高空作业现场有人指挥,作业人员穿劳保服装、穿工作鞋,戴安全帽,系安全带。严格执行安全措施,配备安全装置。

(7)遵纪守法,搞好与相关部门及当地群众之间关系,互相协作,作好建站观测工作。作业期间,确保作业人员饮食健康,确保人身、财产、资料安全,确保员工人身安全。自觉接受安全生产的监督和检查。

表 2.12.1 建站与观测作业重大职业健康安全风险 、重要环境因素清单

序号	活动、产品或服务	危险源(环境因素)	风险(环境影响)	责任部门(人)	需采取措施
1	用车	道路行车交通事故	人身伤亡	司机	立即通知当地 120 将伤者送往医院救治,通知当地交警处理事故。

续表

序号	活动、产品或服务	危险源(环境因素)	风险(环境影响)	责任部门(人)	需采取措施
2	生活	饮食不卫生	食物中毒	安全员	记录饮用的食品,将伤者送往医院,上报当地卫生监督部门深入调查。
		生活用火	火灾	安全员	求救当地消防队,积极配合消防人员做力所能及的事情,救火时要注意风向。
3	工作	夏季室外工作	中暑	安全员	关注天气预报,合理安排;注意防暑降温。
6	建筑工地	高处坠落、坍塌	人身伤亡	安全员	施工佩戴安全防护设施,伤亡后立即通知当地 120 将伤者送往医院救治。
7	雇工	不了解操作要求	人身伤害	安全员	签订用工安全协议,事前教育、培训上岗。

第3章　核电专用气象站建站观测质量保证大纲

3.1 任务

3.1.1 任务来源

根据“四川核电一期工程专用气象站建站观测技术任务书”(西南电力设计院2009年11月)的要求,南充市气象局承担了四川核电一期工程专用气象站建站观测工作。

规划兴建的四川核电一期工程位于南充市蓬安县三坝乡境内,西南距南充市约27 km,东北距蓬安县城约10 km,嘉陵江从厂址东、北、西三面环绕流过。三坝乡至蓬安县城有四级公路相连,三坝至厂址有机耕道相连,交通较为便利。

3.1.2 任务内容

项目任务内容要求包括:

(1)专用气象站选址及观测设施布置;

(2)仪器设备选型计划与订购;

(3)专用气象站设计、施工、安装与调试;

(4)专用气象站观测内容为:气压、气温、风速及风向、相对湿度、降水量、蒸发量、太阳辐射(包括总辐射和净辐射)、日照、地温等;

(5)观测数据的统计分析,编写观测资料可靠性合理性分析评价报告;

(6)观测时间一整年;

(7)观测期内,气象站观测仪器的精心维护;保证在一年观测结束时气象站各种观测仪器可以正常运行。

3.1.3 任务目标

为掌握厂址气候状况、气象要素变化规律,积累有代表性的原始观测数据;为分析确定厂址设计气象参数提供基本依据,满足核电工程设计需要。在四川核电一期工程厂址附近设立专用气象观测站,进行一年的气象观测,观测错情率小于3‰(四川省标准)。

3.1.4 技术要求

3.1.4.1 应遵循的法律、法规、规定和标准

设站、观测、资料整编和数据分析应遵循的法律法规、规定和标准包括:

(1)《中华人民共和国气象法》;

(2)《地面气象观测规范》(2003年版);

(3)《气象建设项目竣工验收规范》(QX/T31-2005);

(4)《气象探测环境和设施保护办法》(2004年版)；

(5)《气象台(站)防雷技术规范》(QX 30-2004)；

(6)《厂址气象观测计划》(USA NRC RG1.23)；

(7)《核电厂质量保证安全规定》(HAF0400[91])；

(8)《核电厂厂址查勘、评价和核实中的质量保证》(HAF J0013)。

3.1.4.2 专用气象站建站观测技术要求

(1)气象站观测场应选择在能较好地反映核电厂气象要素(特别是风)特点的位置，避免局部地形的影响，满足厂区规划要求，不占用核电厂永久性建筑的位置，不影响核电厂建设期间施工或受到核电站施工的影响，避开高压线走廊。

(2)所选位置应能代表核电厂建成后的厂址及其附近地区的风场、温度场和大气弥散条件的气象特征。

(3)专用气象站参照一般站标准建设，建站技术要求由观测单位根据规范和本技术任务书编制。

(4)仪器性能和精度应满足规范的要求。选用的仪器被应用证明是技术先进、测量精度高、性能稳定可靠、便于维护、价格合理的自动观测记录仪器，采用仪器的型号需得到国家气象主管机构许可。自动观测设备按一套考虑。仪器应有防雷措施。

(5)仪器用电要求双电源，应有网电与自备应急电源。

(6)数据处理贮存设备两套。

(7)站房要求平面布置合理、节约、标准、美观。

(8)观测场建设及仪器布置满足规范要求，10 m高测风设施稳定牢固，保持正常运行至后续观测中100 m高塔同步观测期(1年)满为止。

(9)与地方政府及居民和谐相处，制定确保设施安全及正常观测措施。

(10)专用气象站施工、安装要满足环保和安全的相关要求，制定环保与安全措施。

(11)对于自动观测项目，仪器采样的频率要按规范要求，并且每天安排专业技术人员从事数据收集和仪器、设备巡检维护工作，填写观测、巡检和维护工作记录。每小时对收集数据进行检查、分析，一旦发现数据不正常，维护人员24 h内赶赴现场对设备进行检修。在恶劣天气前、后加强对所有设备进行检查和维护，发现问题或出现故障及时处理并填写故障记录单。

(12)日常观测维护人员应有相应资质并经过委托方认可。

(13)对自动观测项目应观测到、整编摘录出每日24 h整点数据；风速还应观测、整编摘录出每日10 min及3 s平均最大风速；短历时暴雨还应观测、整编摘录出每个降雨过程(大雨及以上)5 min，10 min，15 min，20 min，30 min，45 min，60 min最大雨量。

(14)由于各种因素造成的连续缺测数据时间应小于48 h，全年的资料联合获取率不低于90%。

(15)应按规范要求对观测资料进行统计、分析、整编,成果应作合理性、可靠性分析与检验,对缺测数据作必要的插补。

(16)气象观测须按技术任务书的要求编制详细的工作大纲、质量保证大纲,评审通过后严格遵照执行。观测仪器安装、调试以及建站完成后,并在初期观测正常后组织专家现场验收。

3.2 大纲编制依据

(1)《中华人民共和国气象法》;

(2)《地面气象观测规范》(2003年版);

(3)《四川省地面气象观测业务规章制度汇编》(2009年版);

(4)《气象建设项目竣工验收规范》(QX/T31-2005);

(5)《气象探测环境和设施保护办法》;

(6)《自动气象站场室防雷技术规范》(QX 30-2004);

(7)《建筑物防雷设计规范》(GB 50057-1994);

(8)《气象信息系统雷电电磁脉冲防护规范》(QX3-2000);

(9)中华人民共和国气象行业标准:

①《地面气象观测规范第1部分:总则》(QX/T 45-2007);

②《地面气象观测规范第17部分:自动气象站观测》(QX/T 61-2007);

③《地面气象观测规范第18部分:月地面记录处理和报表编制》(QX/T 62-2007);

④《地面气象观测规范第19部分:月辐射记录处理和报表编制》(QX/T 63-2007);

⑤《地面气象观测规范第20部分:年地面气象资料处理和报表编制》(QX/T 64-2007);

⑥《地面气象观测规范第21部分:缺测记录的处理和不完整记录的统计》(QX/T 65-2007);

⑦《地面气象观测规范第22部分:观测记录质量控制》(QX/T 66-2007)。

3.3 组织机构、职责和义务

专用气象观测站的业务工作纳入南充市气象局基础业务管理体系统一管理,按照南充市气象局对辖区内各国家气象观测站的规章制度和管理办法进行管理。

四川核电一期工程专用气象站业务技术观测人员在南充市各县(市、区)气象局优秀的在岗地面气象观测员中选配。

3.3.1　组织机构

南充市气象局为本项目总承担单位，在局领导及气象业务管理部门的管理下，专用气象观测站实施气象观测技术工作。为了有效地完成本项目，专门成立四川核电一期工程专用气象站项目部（以下简称项目部），确定了本项目质量保证体系实施的行政主管、项目经理、技术主管、主管科长、工程负责人等。

本项目人员责任、权限如下：

(1)行政主管职责

① 对本项目质量保证的组织体系、管理体系的适宜性和有效性负责；

② 批准本项目质量保证大纲，并监察执行；

③ 保障南充市气象局内有足够的资源，有效地保证本项目工作的顺利开展。

(2)业务科职责

① 负责组织制定本项目质量保证大纲，全面管理项目质量活动；

② 监察和验证本项目质量活动是否满足规定的要求，拥有组织独立性，鉴别质量问题，建议、推荐或提供解决方法，跟踪检查纠正措施的实施效果，直至缺陷或不满足要求的情况得到纠正；

③ 直接向行政主管报告工作。

(3)项目经理职责

① 按照本项目工作大纲和质量保证大纲的要求，对项目进行以预防为主的全过程控制，确保本项目达到要求的质量；

② 组织本项目工作人员认真贯彻执行地面气象观测规范、业务技术规定和各业务规章制度的执行；

③ 负责配齐充足的、合格的专业人员，负责专业内外协调工作。

(4)商务经理

① 负责本项目计划总进度的安排和管理；

② 组织本项目各项工作的实施。

(5)技术主管职责

① 根据任务书的要求，负责组织制定项目工作大纲；

② 负责组织本项目质量保证大纲的实施，控制与质量有关的过程，负责专用气象站内部各系统、各单元间的技术接口的分工和协调工作；

③负责组织技术人员的培训工作；

④ 组织相关人员对不合格项进行剖析，分析原因，提出纠正和预防措施，按程序和指定的方法进行处理，并负责跟踪检查纠正措施的实施效果；

⑤ 负责地面气象探测业务管理；

⑥ 负责专用气象站建站的技术论证、审查上报工作；依法做好观测场环境和设施保护工作；

⑦ 检查地面气象探测业务工作规范、岗位责任制度和其他规章制度、业务法规的执行情况，解答专用气象站提出的业务规范技术规定问题。建立健全的地面气象探测业务管理规章制度；

⑧ 负责组织严格执行“地面气象测报业务系统软件”；组织及时卸载、安装“地面气象测报业务系统软件”的升级版；及时卸载、安装、调试新的通信和传输软件；加强管理指导，使各软件能在专用气象站观测业务工作中正常运行。检查地面气象探测质量考核办法执行情况；

⑨ 组织专用气象站的自检；负责对其进行业务检查。负责对涂改伪造等重大错情和责任性事故的调查工作发生的违纪事件和责任性事故的调查，并提出处理意见，报主管领导；

⑩ 负责地面气象探测业务人员上岗考核、考试和审批工作；

⑪ 负责组织开展地面气象探测连续百班无错情班、连续250班无错情劳动竞赛活动；负责检查验收地面气象测报连续百班无错情；进行地面气象测报250班无错情初查工作。

(6)观测资料审核

① 协助质量保证大纲的实施；

② 校核观测资料和成品报告。

3.3.2　人员配备与培训

凡从事本项目技术和管理的人员，除应具备相应专业的学历、资历和业务技术水平外，还必须具有丰富的实践经验，并取得相应资格后才能上岗，以确保工作人员达到并保持足够的业务技术水平。

3.4　业务规章制度

3.4.1　站内工作人员职责

3.4.1.1　观测站站长职责

(1)在技术主管的指导下编写项目工作大纲，并组织实施，负责向参加人员进行技术交底，确保观测任务按时完成；

(2)组织执行本项目质量保证大纲的各项程序；对站内出现的站内不能解决的技术问题，初步分析问题产生的原因及解决方案，并向技术主管报告。

(3)负责对全站人员进行职业责任、职业道德和职业纪律教育，组织和领导全组人员保质保量地完成各项测报任务。

(4)团结全站人员，合理组织分工和安排班次，充分调动全组人员的工作热情和积极性。

(5)督促检查全站人员严格执行地面气象观测规范及各项规章制度。

(6)负责考核测报业务质量和测报人员的工作。

(7)保护好观测环境和场地,密切监视测场环境变化情况;组织好仪器设备的安装和维护。

(8)负责台站档案和气象测报业务技术档案的填写和核实。

(9)遇重要任务或复杂天气时要做好组织、协调、指导工作。

3.4.1.2　观测人员职责

(1)严格执行地面气象观测规范和各项技术规定,及时准确地完成班内各项任务,按时取准取全第一手气象资料。

(2)严格做好数据采集、维护和质量控制,并按有关规定做好气象观测资料入库前的管理工作。

(3)做好班内仪器设备的日常维护工作,自动站出现故障时,按规定做好维修、报告等相关工作。

(4)在突发事件中有一定的应急业务处理能力,确保业务工作正常运行。

(5)保护好观测场地,密切监视测场环境变化情况;服从领导,积极完成分配的各项任务。

(6)关心集体,团结协作,作风正派,实事求是,不弄虚作假。

3.4.1.3　仪器维修保管员职责

(1)建立器材出入库登记制度,账物清楚。

(2)保管好器材,防止丢失、质变和浪费。

(3)负责仪器的维护保养,发现故障及时排除,做到小修不出站。保证使用仪器合格,运转正常。

(4)负责按时撤换和送检仪器,不使用超检仪器。

(5)对(备份)仪器(器材)定期检查,使之处于良好状态。

(6)当仪器维修保管员工作变动时,全部仪器设备要当面移交清楚,双方签字,以示负责。

3.4.1.4　预审员职责

(1)严格按地面气象观测规范和有关技术规定,严格按照预审办法认真进行预审原始记录和各种报表,纠正错误,把好质量关。

(2)记录预审做到旬清、月结,全面预审,按时报送报表。

(3)审出的错情和疑难问题要一一登记,并在质量分析会上及时分析原因,总结经验教训,认真解决。

(4)实事求是,认真负责的对待查询,在收到查询单后五天内查复、订正。

(5)观测簿、各类报表、值班日记等按月送交资料档案保管员入库。

3.4.1.5　资料、档案保管员职责

(1)定时清理各种原始表簿和加工整理的资料、档案;定时检查各类观测记录数据文件及存贮介质。记录报表要按时装订,数据记录资料按规定做好备份,并详细登

记，分类归档，做到有条不紊，便于查找。

(2)确保资料完整无损。做到防火、防盗、防虫、防潮、防光、防尘、防磁。经常认真检查。

(3)资料要注意保密，借用要有手续，归还要当面清点、检查，及时入库；严禁擅自更改资料，原始记录不得外借。如有丢失，要查明原因，及时上报。

(4)资料保管员工作变动时，全部资料、档案要移交清楚，双方签字，以示负责。

3.4.2 观测业务工作制度

3.4.2.1 值班制度

(1)严格执行地面气象观测规范和各项技术规定，及时准确完成本班各项工作任务。

(2)值班时严守岗位，不擅离职守，集中精力监视天气变化，不做与值班无关的事；不私自代班、调班；保持值班室整洁、肃静，不让无关人员进入值班室、观测场。

(3)按规定巡视仪器。每正点前检查采集器、主机的运行状况；遇有疑难问题及时报告，主动采取解决问题的措施。对于辐射传感器，每天巡视时要检查辐射仪器的水平、方位、纬度、线路连接等安置状况，清除传感器玻璃罩或薄膜上的灰尘等附着物。辐射观测传感器出现问题要及时换用备份仪器，或用毫伏表进行人工观测、计算，不得缺测，保证记录完整。

(4)由于安装了辐射传感器，专用气象站遇有大风沙、降水等影响记录准确的天气现象，应及时采取措施保护仪器；遇有雾、露、霜、雨、雪、风沙、浮尘等附着仪器，应及时予以清除。

(5)注意云、能、天等气象要素的变化。严禁伪造、涂改，防止缺、漏、早、迟测和缺、漏报等现象发生。观测记录字迹要工整、清楚，严禁字上改字和用橡皮擦、小刀刮。

(6)认真校对上一班的全部观测记录、数据，认真填写值班日记和原始记录交接清单。

(7)每天19时必须对采集器和计算机的时间进行对时，保证时钟走时误差在30 s之内，且采集器与数据处理微机的时钟一致。

(8)严禁在数据处理微机上进行非业务操作。

(9)注意观测和积累本地天气变化的一些特征现象，为做好天气预报提供线索。

(10)注意台站周边气象探测环境的变化，将变化状态记录在值班日记本班工作情况栏(或气象探测环境登记专用表簿)中，并向上级业务管理部门填报探测环境变化报告书。

(11)做好班内数据维护及气象观测资料备份、保管，严禁气象原始资料丢失、损毁。

3.4.2.2 交接班制度

(1)值班员要为下一班工作创造条件，提前做好交班准备；接班员在班前要注意休息，严禁酗酒，认真做好值班前的一切准备工作，按时到达值班室。

(2)交接班必须严肃认真，当面做好四交接：现用的仪器、设备、工具；值班用规范、技术规定、表簿、气象记录资料、各类数据文件、日记文件等；本班的天气变化及其特点；下一班要继续完成的工作和其他注意事项。

(3)交接过程中发生的天气和临时任务(指交接班完毕，双方签字以前需要处理的事项，如自动气象站故障等)，由交班员处理，接班员主动协助。

(4)接班员未到，值班员不得离开岗位和中断工作。

(5)交接完毕，双方签名，以示负责。

3.4.2.3 场地、仪器设备维护制度

(1)严格执行《气象探测环境和设施保护办法》，保护好观测环境。

(2)经常检查百叶箱、风向杆、围栏是否牢固并保持洁白，大风和降雨(雪)等天气之后要及时检查、清洁仪器。

(3)严格执行仪器的操作规程，保证仪器状态良好、运转正常。现用仪器发生故障应及时查明原因，不能排除的立即更换，并在1 h之内报告上级维修部门、管理部门，严禁私自拆卸自动气象站主要部件。超检仪器应及时撤换，严禁使用超检仪器。

(4)仪器损坏要及时查明原因，填写"损坏仪器情况报告表"，报告上级业务和装备主管部门。

(5)保持观测场内整洁，浅草平铺，草高超过20 cm时，应及时剪割；地温场要保持裸地及土质疏松，雨后及时耙松；观测场四周10 m内不得种高秆作物，在围栏上不得爬蔓生植物和晾晒衣物等。

(6)现用仪器设备每天小清洁一次，每月按规定全面检查清洁一次。辐射传感器，每天清扫一次辐射传感器感应部分外部(遇到恶劣天气时应增加维护次数)，由组(站)长组织每月全面检查、维护仪器一次。定时、及时更换干燥剂、薄膜罩等。

(7)安装、维护仪器一定要严密组织，保证安全。

(8)数据处理微机要专机专用，并按规定操作维护。

3.4.2.4 报表编制和报送制度

(1)有关原始记录及月报表、数据磁盘应妥善保管、归档，不得毁坏、丢失。

(2)台站应按规定时间形成月报表文件，经预审后按规定的方式和规定时间报上级业务审核部门。

(3)台站应形成年报表文件，经预审后按规定的方式和规定时间向上级相关部门上报信息化文件或纸质年报表。

3.4.2.5 业务学习制度

(1)达到"四懂得""一熟练"，不断提高技术水平和工作效率：懂得气象观测设备的基本工作原理、操作、维护和日常维修方法，能正确安装、操作和一般维修；懂得各种云的定义、生成原理和大气变化的关系，能够正确地识别云状；懂得各种天气现象的成因与特点，能够准确判断出现的天气现象；懂得各种要素计算公式，订正图表的

制作原理和方法，能够熟练运用；熟练操作微机。

（2）坚持基础理论知识的学习，不断提高实际业务工作能力。

3.4.2.6　自检制度

（1）按照《地面气象观测规范》以及自动气象站的技术规定每年进行一次自检。

（2）自检由站领导主持，自检情况记入台站档案的记事栏内，并于5月10日前将自检报告（统一使用地面气象测报业务检查报告书电子表格式，含汛期前的防雷检测报告）报送上级业务管理部门。

（3）自检中发现的问题要积极采取措施改进，并将改进情况报上级业务管理部门。

3.4.2.7　报告制度

（1）每月的测报质量考核月报表应按时按规定上报业务管理部门。

（2）不定期专题报告。

3.4.3　观测业务运行流程

专用气象站观测任务中的观测项目参照表3.4.1和表3.4.2的工作流程执行。

表3.4.1　当日班(08:20—20:30)工作流程

时间	值班工作任务
08:20—08:30	交接班，巡视测场和仪器，重点检查雨量传感器的盛水器中有无杂物、漏斗有无堵塞；地面温度传感器安置是否正常等。
08:30—09:30	校对上一班观测记录及自动站采集数据；校对上班日照自记读数并签名，在气簿-1和测报业务软件中录入上一班日照实数。特别注意检查自动站实时数据传输情况及上一班自动站数据备份情况。
不定时	1.注意自动站每小时实时数据传输情况。 2.夏季地面温度较高时适时收回地面最低温度表，读数记录在气簿-1中08时地面最低温度栏。 3.检查辐射仪器的水平、方位、纬度、线路连接等安置状况，清除传感器玻璃罩或薄膜上的灰尘等附着物。 4.完成本班内需要完成的其他工作等。 5.夏季当地面温度降低后，或降水、降温前放回地面最低温度表。 6.雨季遇强降水时，注意量取E-601B型蒸发器余量（即取水），并刷新水位（有自动站蒸发传感器者）。
13:00—13:45	巡视测场和仪器设备，重点检查雨量传感器的盛水器中有无杂物、漏斗有无堵塞；地面温度传感器安置是否正常；添加湿球水杯内的蒸馏水等，做好14时观测前的准备工作。
13:45	开始14时人工项目观测；更换压、温、湿自记纸，并在站内规定日期上钟条。
13:55	查看自动站实时数据是否正常（单轨运行站异常时，排除、准备进行人工仪器补测）。
14:00	自动站采集正点数据。
14:01—14:03	校对内存，输入14时人工观测数据。
14:06—14:30	巡视测场和仪器设备，重点检查自记钟走时是否正常，自记纸有无误换等。

续表

时间	值班工作任务
不定时	1. 注意自动站每小时实时数据传输情况；查看电子邮箱有无新文件、通知；查看自动雨量站网是否正常。 2. 检查辐射仪器的水平、方位、纬度、线路连接等安置状况，清除传感器玻璃罩或薄膜上的灰尘等附着物。 3. 完成本班内需要完成的其他工作等。 3. 夏季当地面温度降低后，或降水、降温前放回地面最低温度表。 4. 雨季遇强降水时，注意量取 E-601B 型蒸发器余量（即取水），并刷新水位（有自动站蒸发传感器者）。
19:00—19:45	19 时正点后按要求校调采集器和计算机时钟；巡视测场和仪器设备，重点检查雨量传感器的盛水器中有无杂物、漏斗有无堵塞；地面温度传感器安置是否正常；添加湿球水杯内的蒸馏水等，做好 20 时观测前的准备工作。
19:45	开始 20 时人工观测地面温度、地面最高、最低温度并进行地面最高、最低温度表的调整；观测云、能、天，观测百叶箱干、湿球温度、最高、最低温度并进行最高、最低温度表的调整；观测风向、风速（EL 型指示器）、气压。
19:55	查看自动站实时数据是否正常（单轨运行站异常时，排除、准备进行人工仪器补测）。
20:00	自动站数据采集。
20:01—20:03	校对内存，输入 20 时人工观测数据。
20:06—20:30	抄录 02 时、08 时、14 时、20 时自动站数据（风向直接抄度数不转成换成方位）入自动站气簿-1；进入逐日地面数据维护抄录日合计、日平均（按四定时统计）入气簿-1，并输入蒸发量及天气现象等；检查当日数据是否完整、正常；备份自动站 Z，B 等文件。将日数据打印保存注意日照蒸发降水的校对。
不定时	检查自动站实时数据传输情况，特别注意检查自动站采集器及测报软件日期、时间；查看计算机显示的实时观测数据是否正常；日落后更换、初算当日日照自记纸。
月报表制作	仍按现行规定上报各类数据文件和报表，A 文件由现行地面气象测报业务系统软件（OSSMO 2004）形成的 B 文件转换而得。 10 日前上报上月报表数据文件到市局。

表 3.4.2 次日班（07:00—08:30）工作流程

时间	值班工作任务
07:00—07:20	巡视测场和仪器，重点检查雨量传感器的盛水器中有无杂物、漏斗有无堵塞；地面温度传感器安置是否正常（恢复夜间小动物进入，造成地温场不平整或地温表被挪动等）；添加湿球水杯内的蒸馏水（冬季注意溶冰）和虹吸雨量计（遥测雨量计）墨水。每月逢 1 日、11 日、21 日注意 08 时是否校发了气象旬月报。
07:20—07:45	检查自动站实时数据传输情况，特别注意检查自动站采集器及测报软件日期、时间；查看计算机显示的实时观测数据是否正常；判断、记录夜间天气现象并记录符号；做好 08 时观测前的准备工作。
07:45	开始 08 时人工项目观测。
07:55	查看自动站实时数据是否正常（单轨运行站异常时排除、准备进行人工仪器补测）。
08:00	自动站数据采集。

续表

时间	值班工作任务
08:01—08:03	校对内存,输入08时人工观测数据。
08:05—08:10	巡视测场仪器,更换或调整雨量自记纸,并在站内规定日期上钟条;检查数据是否完整、正常。
08:10—08:20	做好交班准备,填写值班日记和测报软件中的日志填写,重点交代仪器设备运行情况和自动站数据采集传输情况以及下班注意事项,旬末切记交代下班编制校发旬月报;每月1—5日注意交代观测最低温度表酒精柱。

3.4.4 值班工作职责

3.4.4.1 值班员职责

校对上一班所有记录(观测记录、自动站数据、备份的资料等),按规定登记发现的错误和疑问。

当日班正点前10 min查看自动站实时数据是否正常。正点后5 min内检查自动站数据文件是否正常形成。

值班时段内,遇有大风沙、降水等影响记录准确的天气现象,应及时采取措施保护辐射传感仪器;遇有雾、露、霜、雨、雪、风沙、浮尘等附着仪器时,应及时予以清除。

3.4.4.2 交班员职责

值班员全面校对本班的各种记录,填写值班日记,为下一班做好准备。打扫值班室卫生,准备交班。

认真与接班员搞好"四交接"。

交班过程中发生的天气和临时任务主要由交班员处理,接班员提出的问题应当面核实登记。故障共同排除,并登记。

接班员未在值班日记上签名和在计算机中进行交接班登记,就不算完成交班;未完成交班时,值班员应坚守岗位,延续值班工作。

3.4.4.3 接班员职责

按本站制定的交接班时间,准时到值班室准备接班。

接班员积极协同解决交接班过程中发现的各类问题。认真做好"四交接",同时还应做到:

(1)共同巡视观测场、值班室各种仪器,查看自动站仪器、软件运行是否正常,自动站数据上传是否正常。

(2)检查各类自记纸、表、簿是否完整并进行确认、登记、签名;检查工作用品是否齐全。

(3)查看气簿-1中的记录,注意连续记载。查看值班日记有关栏目,明确上一班交代的事项。

(4)按规定对自动站时钟进行校时。

(5)在值班日记接班员、交接班时间栏签名并签上接班时间(签到分钟数)。

3.4.4.4 各班共同任务

(1)每天当日班对现用仪器设备小清洁一次,并打扫值班室卫生。

(2)每月对仪器设备进行1次全面检查维护,具体时间视天气条件而定。雨、雪、大风等天气后及时维护。

(3)沙尘天气后及时清洁气压气孔、温湿传感器护网、辐射、日照、蒸发等仪器。

(4)当日班晚间离开值班室时(一般在20:30后),应最后检查一次自动站运行情况及实时数据备份保存情况。

3.4.4.5 注意事项

夜间因降水量过大,未及时取出蒸发器中的水时,日蒸发量按缺测处理。

3.4.5 地面气象测报业务检查制度

专业气象站气象业务检查按《四川省地面气象测报业务检查制度》执行。

3.5 考核奖励办法

3.5.1 专用气象站观测质量考核办法

专用气象站观测任务中的观测项目的质量按《四川省气象台站测报质量考核办法》执行。

3.5.2 个人年度工作考核

专用气象站工作人员在专用气象站工作时段内的业务质量与本人在原单位的业务质量合并统计,纳入个人年度工作考核。

3.5.3 创优质竞赛

专用气象站工作人员在专用气象站工作时段内的业务质量与本人在原单位的业务质量合并统计,参加地面气象测报人员创优质竞赛活动。

3.5.4 测报业务标兵评奖办法

专用气象站工作人员在专用气象站工作时段内的业务质量与本人在原单位的业务质量合并统计,参加省、市地面气象测报业务标兵评选活动。

3.5.5 四川省气象局严格职业纪律的四项规定

为维护气象职业道德,严肃气象职业纪律,树立气象部门的良好形象,保证气象工作的及时、准确和高效,根据国家和省的有关管理规章,特作如下规定:

（1）要切实保护气象资料特别是原始气象资料的安全，严禁故意损毁气象资料特别是原始气象资料，违者予以开除处分。

（2）切实维护气象设施或者仪器设备的安全，严禁故意损毁气象设施或者仪器设备，违者予以纪律处分；造成严重后果的，予以辞退或开除。

（3）实时准确地记载气象记录，严禁伪造、涂改气象记录，违者予以纪律处分；造成严重后果的，予以辞退或开除。

（4）维护工作时间、场所的良好秩序，严禁在工作时间、场所玩棋牌，违者予以纪律处分；造成严重后果的，予以辞退。

第 4 章　核电专用气象站建站观测与分析报告

4.1 背景

4.1.1 项目概况

四川核电厂工程厂址位于南充市蓬安县三坝乡境内，西距成都市约 225 km，西南距南充市约 27 km，东北距蓬安县城约 10 km。嘉陵江从厂址东、北、西三面环绕流过，厂址在嘉陵江左岸阶地上的开阔平台上，整个厂址区域呈半岛形状，整体地势为南高北低，高程在 316～344 m 之间。

为掌握四川核电厂工程厂址气候状况、气象要素变化规律，本项目在厂址附近设立专用气象站，进行一年的气象观测。目的是观测四川核电厂工程厂址常规气象资料，通过统计分析获得厂址气象特征。项目成果可应用于四川核电厂工程可行性研究和设计阶段的环境影响评价与安全评价，以及为确定工程设计基准提供依据。

本项目的实施与成果的深度和广度符合我国的环境保护法规、核安全法规和有关的规范与导则的规定。具体工作内容符合项目任务书要求，成果形式达到了规范性与科学性相结合。

4.1.2 任务内容

按照深圳中广核工程设计有限公司 2009 年 9 月《四川核电一期工程专用气象站建站观测技术任务书》要求，本项目的主要任务内容为：

(1)专用气象站选址及观测设施布置；

(2)专用气象站仪器设备选型计划与订购；

(3)专用气象站设计、施工、安装与调试；

(4)专用气象站观测内容为：气压、气温、风速及风向、相对湿度、降水量、蒸发量、太阳辐射(包括总辐射和净辐射)、日照、地温、冰冻、冻土、积雪、电线积冰、各种天气现象等；

(5)观测数据的统计分析，编写观测资料可靠性与合理性分析评价报告；

(6)观测时间一整年；

(7)观测期内气象站观测仪器的精心维护。

4.1.3 编制依据

4.1.3.1 核电安全法规、标准

(1)《核电厂厂址选择安全规定》(HAF0100)；

(2)《核电厂厂址选择的极端气象事件》(HAD101/10)；

(3)《核电厂厂址选择的大气弥散问题》(HAD101/02)；

(4)《核电厂水文气象规定(试行)》(1996年版);

(5)《厂址气象观测计划》(USA NRC RG1.23);

(6)《核电厂质量保证安全规定》(HAF0400[91]);

(7)《核电厂厂址查勘、评价和核实中的质量保证》(HAF J0013)。

4.1.3.2 气象法律、法规、规范

(1)《中华人民共和国气象法》;

(2)《地面气象观测规范》(2003年版);

(3)《气象探测环境和设施保护办法》(2004年版);

(4)《气象台(站)防雷技术规范》(QX4-2000);

(5)《气象建设项目竣工验收规范》(QX/T31-2005);

(6)《地面气象观测场值班室建设规范》(气发〔2008〕491号);

(7)《自动气象站场室防雷技术规范》(QX 30-2004)。

4.1.3.3 技术文件

(1)《四川核电4×1000MW级机组新建工程初步可行性研究气象专题研究报告》,西南电力设计院,2005年6月;

(2)四川核电厂厂址初步可行性研究审查意见;

(3)四川核电初步可行性研究搜集调查的气象资料、文件、报告以及西南电力设计院院已有的厂址区域的相关气象资料;

(4)《四川核电一期工程气象观测专题工作大纲》,西南电力设计院,2009年11月;

(5)四川核电厂工程水文、专用气象站建站竣工验收会议纪要。

4.1.4 工作过程

2009年9月25日,西南电力设计院收到中广核新项目部“关于委托开展四川核电项目水文、气象专题的函”。

2009年11月11日,西南电力设计院收到中广核新项目部专函:气象观测由南充市气象局承担。

2009年11月,根据《专用气象站建站观测技术任务书》要求,编写完成《气象观测专题工作大纲》及《气象观测专题质量保证大纲》。

2009年12月至2010年1月,项目商务谈判。

2010年2月,观测仪器设备选型论证阶段,根据《专用气象站建站观测技术任务书》和中国气象局相关文件要求,选用中国华云技术开发公司的国家级气象观测站全要素CAWS600-SE型自动气象站。

2010年3月,西南电力设计院与南充市气象局签订《四川核电一期工程专用气象站建站观测专题合同书》,3月22日蓬安县兴华建筑工程公司进场开始气象站基础设施建造。

2010 年 4 月 14—15 日，由中国华云技术开发公司技术人员完成所有仪器设备的安装、调试，4 月 16 日开始气象观测试运行。

2010 年 5 月 6 日，专用气象站通过了中广核工程设计有限公司验收，从此专用气象站进入正式观测阶段。

2011 年 4 月末，专用气象站完成一年的观测。

2011 年 5 月末，编制完成《四川核电厂工程专用气象站建站观测与分析报告》。

2011 年 6 月 22 日，深圳中广核工程设计有限公司在四川南充市主持召开了四川核电厂工程专用气象站建站观测与分析报告(可研阶段)评审会，与会专家一致通过了本专题评审。之后根据专家意见对报告作了修改与完善，于 2011 年 7 月中旬完成本报告最终版。

4.2 专用气象站选址、仪器设备与观测

4.2.1 观测场选址

根据所选站址对核电厂址具有代表性、专用气象站的观测与核电厂的建设运行互不影响，以及便于施工、观测与生活的选址原则，充分考虑厂区总平面布置方案、厂址地形条件，兼顾未来总平面布置的可能变化，在厂址东侧边界附近初定了 3 个候选站址，经技术、经济综合比较后，确定在厂址东侧的孔家大湾山梁建设四川核电厂工程的专用气象站。

专用气象站位于蓬安县三坝乡核电厂址边界处的孔家大湾山梁，距厂区中心约 0.5 km，东北距蓬安县气象站约 9 km。专用气象站的观测场海拔 338.8 m。站址处于嘉陵江左岸平坝浅丘地带，四周开阔无屏障，对核电厂址有很好的代表性。

观测场位于山梁顶部，地势平坦开阔，能满足后续观测中 100 m 高塔塔位及拉锚位布置的需要。场地周围约 50%为旱地，50%为果树，无高大建筑物。专用气象站能代表核电站建成后的厂址及其附近地区的风场、温度场和大气弥散条件。专用气象站占地面积约为 867 m^2，建筑面积约为 270 m^2，主要包括值班室一套，气象观测场一个。地面气象观测场设计为东西、南北向，大小为 20 m(南北向)×10 m(东西向)，布局见图 2.6.1，观测场实景图见图 4.2.1。

四川核电厂工程专用气象站 2010 年 4 月建成，2010 年 5 月 1 日开始正式观测。故地面气象记录以 2010 年 4 月 30 日 21 时至 2011 年 4 月 30 日 20 时，气象辐射记录以 2010 年 5 月 1 日 01 时至 2011 年 4 月 30 日 24 时一整年的资料进行分析。

4.2.2 仪器设备

为确保数据的可靠性和高获取率，根据中国气象局《关于核发气象专用技术装备使用许可证的通知》(气测函〔2008〕119 号)文件要求，自动观测仪器选用中国华云技

图 4.2.1　核电厂址专用气象站观测场

术开发公司的国家级气象观测站全要素 CAWS600 型自动气象站。该套观测仪器具有完备的产品合格证明材料，技术先进、观测精度高、性能稳定可靠，便于维护，已通过雷电感应防护装置安全性检测。仪器设备见表 4.2.1。

表 4.2.1　仪器设备

分类	部件	型号/规格	数量	描述
数据采集系统	数据主采集单元	CAWS600-SE/S	1	输入电压 DC12 V；平均工作电流 210 mA；工作温度 −50～+50 ℃；相对湿度 0%～100%；数据采集处理
	机箱	HY-JX01	1	全密封烤瓷机箱及防辐射
	防雷抗干扰单元	FL-02	1	
	采集系统附件		1	
供电系统	供电系统	CAWS-DY03	1	充放电控制，过充过放保护；系统多种供电输出；防雷与抗干扰控制
	电源控制器	DY2A	1	交流输入 220 V，直流输出 DC12 V
	蓄电池	12V65AH	1	
	附件		1	
传感器	雨量传感器	SL3-1	1	测量范围 0～4 mm/min，分辨率 0.1 mm
	雨量线缆及接插件	RVVP2 * 0.3	1	标配 30 m 信号线
	温湿度传感器	HMP45D	1	测量范围 −50～50 ℃，精度 ±0.2 ℃；湿度范围 0%～100% RH，精度 2%
	温湿度线缆及接插件	RVVP7 * 0.3	1	标配 30 m 信号线
	风向风速传感器	EL15-2	1	工作电压 DC5 V 抗风强度 75 m/s

续表

分类	部件	型号/规格	数量	描述
传感器	风转换器及线缆		1	信号线标配 12 m
	气压传感器	PTB220	1	测量范围 500～1100 hPa；误差范围±0.3 hPa
	地温传感器	TP-01	10	测量范围 −50～80 ℃ 精度±0.2 ℃；15 m 信号线 6 只/20 m 信号线 4 只
	地温变送器	CAWS-BS01	1	工作电压 DC12 V
	地温变送线缆及接插件	RVVP7 * 0.3	1	标配 40 m 信号线
	蒸发传感器	AG1-1	1	测量范围 0～100 mm 精度±0.2 mm；工作电压 DC12V
	蒸发线缆及接插件	RVVP3 * 0.3	1	标配 40 m 信号线
	蒸发皿		1	
	总射辐射表	TBQ-2-B	1	测量范围 0～1400 W/m²
	净辐射表	FNP-1	1	测量范围 −200～1400 W/m²
	辐射变送器	CAWS-BS02	1	标配 40 m 信号线
	日照传感器	SD4	1	
安装附件	铝钛合金风杆	CAWS-JG02	1	10 m
	百叶箱		1	
	辐射传感器安装支架	CAWS-JGF01	1	
	长线驱动器	25T	1	
	通信电缆及插件	RVVP4 * 0.3	1	标配 200 m
	传感器线缆及插件		1	
	浅层地温支架		1	
	深层地温套管		1	
配套产品	CAWS600-SE/S 配套软件包	CawsAnyWhere	1	自动站数据接收处理
工程建设	包装、运输、保险		1	
	安装调试		1	
备份	主要传感器			

4.2.3 观测要素

根据项目技术任务书要求，地面气象观测要素如下：

气压：逐时气压；日、月平均气压(4 次平均和 24 次平均)；日最高、最低气压；月最高、最低气压及出现日期。

气温:逐时气温;日、月平均气温(4 次平均和 24 次平均);日最高、最低气温;月最高、最低气温及出现日期;候平均气温。

水汽压:逐时水汽压;日、月平均水汽压(4 次平均和 24 次平均);月最大水汽压、最小水汽压及出现日期。

相对湿度:逐时相对湿度;日、月平均相对湿度(4 次平均和 24 次平均);日最小相对湿度;月最小相对湿度及出现日期。

露点温度:逐时露点温度。

降水量:各时次降水量;定时降水量;侯降水量;各级降水日数;一日最大降水量;最长连续降水日数;最长连续无降水日数;月合计降水量。

蒸发量:逐日蒸发量、月合计蒸发量。

10 min 平均风向风速:各时次 10 min 平均风向风速;日、月平均风向风速(4 次平均和 24 次平均);逐日最大风速、风向及出现时间;逐日极大风速、风向及出现时间。

2 min 平均风向风速:各时次 2 min 平均风向风速;日、月平均风向风速(4 次平均和 24 次平均);2 min 风的统计。

地温:0 cm,5 cm,10 cm,15 cm,20 cm,40 cm,80 cm,160 cm,320 cm 逐时地温;0 cm,5 cm,10 cm,15 cm,20 cm,40 cm,80 cm,160 cm,320 cm 日、月平均地温(4 次平均和 24 次平均);地面日最高、最低温度;地面月最高、最低温度及出现日期。

日照时数:逐时日照时数;日、月合计日照时数。

总辐射:逐时总辐射曝辐量;日最大总辐射曝辐量及出现时间;月合计总辐射曝辐量。

净辐射:逐时净全辐射曝辐量;日最大净全辐射曝辐量及出现时间;日最小净全辐射曝辐量及出现时间;月合计净全辐射曝辐量。

根据任务书要求,还需要提供冰冻、冻土、积雪、电线积冰等,由于厂址附近冬季气候暖和,无冰冻、冻土、积雪、电线积冰等天气现象,故未观测。专用站观测期的天气现象观测中未出现上述天气现象。

4.2.4　观测数据联合获取率

四川核电厂工程厂址专用气象站,2010 年 5 月 1 日至 2011 年 4 月 30 日一整年观测数据的综合联合获取率为 99.9%,满足《专用气象站建站观测技术任务书》的要求。各要素联合获取率见表 4.2.2。

2011 年 1 月 18 日因夜间发生固态降水,早上守班时自动站雨量传感器盛水器中仍有固态降水物,按照规定,夜间的分钟和小时降水量按缺测处理。2010 年 6 月 15 日 03—12 时、7 月 21 日 03—08 时、9 月 20 日 10—21 日 16 时、11 月 13 日 11—16 时这四个时段因辐射仪器故障,造成该时段总辐射和净辐射数据缺测。8 月 26 日 16—

19 时净辐射曝辐量记录异常，该时段记录按缺测处理。

表 4.2.2 四川核电厂工程厂址气象观测数据联合获取率表

观测要素	总时(次)数	观测时(次)数	联合获取率	观测方式
气压	8760	8760	100%	自动
气温	8760	8760	100%	自动
水汽压	8760	8760	100%	自动
相对湿度	8760	8760	100%	自动
露点温度	8760	8760	100%	自动
蒸发量	8760	8760	100%	自动
降雨量	8760	8748	99.9%	自动
10 min 风向风速	8760	8758	99.9%	自动
2 min 风向风速	8760	8760	100%	自动
0 cm 地温	8760	8760	100%	自动
5 cm 地温	8760	8760	100%	自动
10 cm 地温	8760	8760	100%	自动
15 cm 地温	8760	8760	100%	自动
20 cm 地温	8760	8760	100%	自动
40 cm 地温	8760	8760	100%	自动
80 cm 地温	8760	8760	100%	自动
160 cm 地温	8760	8760	100%	自动
320 cm 地温	8760	8760	100%	自动
草温	8760	8760	100%	自动
日照	8760	8760	100%	自动
总辐射	8760	8722	99.6%	自动
净全辐射	8760	8697	99.3%	自动
综合获取率	-	-	99.9%	

4.3 专用气象站观测资料统计分析

4.3.1 气压

4.3.1.1 平均气压

2010 年 5 月至 2011 年 4 月各月平均气压见表 4.3.1，本站气压各月的平均值变化曲线见图4.3.1。从表4.3.1可见，观测年平均气压为974.8 hPa，最高月平均值为986.1 hPa，出现月份为2011年1月份；最低月平均值为963.8 hPa，出现月份为2010年7月份。

表4.3.1　2010年5月至2011年4月各月平均气压(hPa)

月份	5	6	7	8	9	10	11	12	1	2	3	4	年
平均气压	968.6	967.7	963.8	967.4	971.0	978.7	981.1	980.5	986.1	977.1	981.6	973.6	974.8

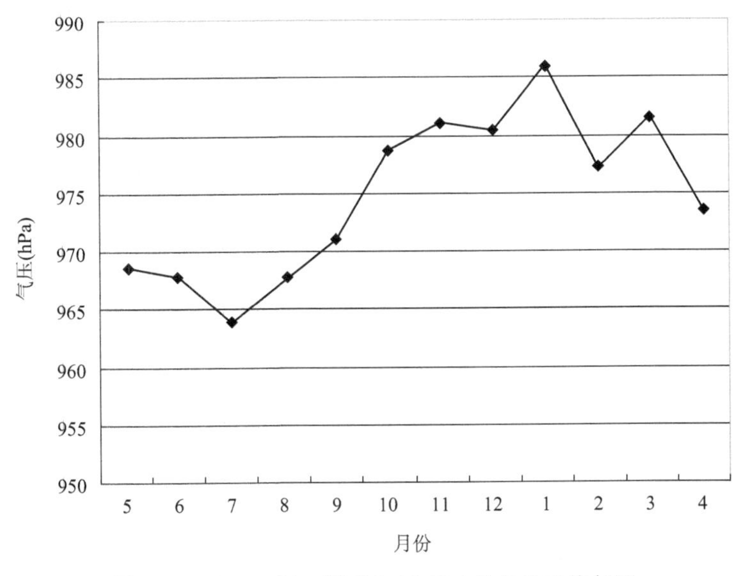

图4.3.1　2010年5月至2011年4月各月平均气压

4.3.1.2　气压的日变化

2010年5月至2011年4月气压年均日变化曲线见图4.3.2。从图4.3.2可见，2010年5月至2011年4月当地气压年均日变化呈现出双峰双谷的变化规律，从23时开始下降，05时到达第一个谷底，随后开始上升至10时达到日最高值，17时达到日最低值，即第二个谷底，23时又恢复到第二个峰值。观测期年均日变化在972.9～976.4 hPa之间，春季平均日变化在972.3～976.4 hPa之间，夏季在964.8～967.4 hPa之间，秋季在975.2～978.7 hPa之间，冬季在978.9～983.2 hPa之间。

4.3.1.3　最高、最低气压

2010年5月至2011年4月观测期间各月最高、最低气压及出现日期见表4.3.2。整年最高气压值为998.1 hPa，出现日期为2011年3月15日；最低气压值为956.1 hPa，出现日期为2011年4月29日。

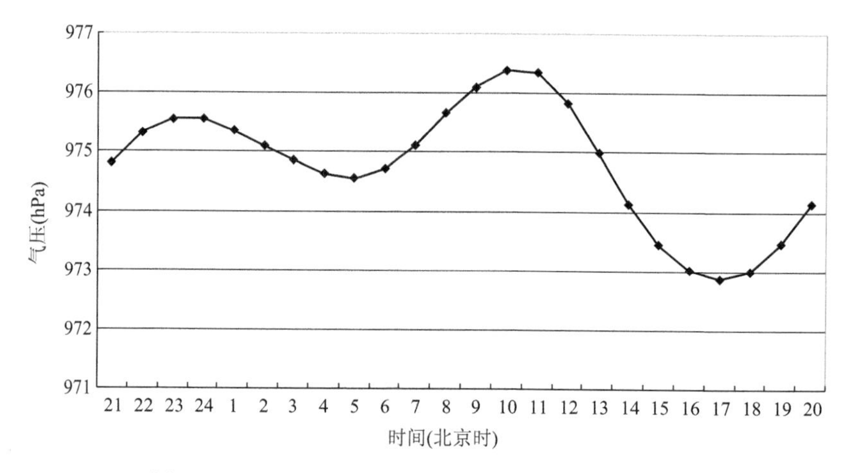

图 4.3.2 2010 年 5 月至 2011 年 4 月气压年均日变化

表 4.3.2 2010 年 5 月至 2011 年 4 月各月最高、最低气压(hPa)及出现日期

月份		5	6	7	8	9	10	11	12	1	2	3	4
最高	气压	976.5	977.5	970.3	975.8	981.0	992.3	989.8	997.8	995.5	989.4	998.1	984.8
	日期	1	3	26	27	29	30	3,15	16	28	1	15	9
最低	气压	957.1	959.4	957.7	958.6	960.8	963.4	969.1	968.6	976.6	963.2	967.0	956.1
	日期	4	30	30	13	20	10	12	12	1	8,26	20	29

4.3.2 气温

4.3.2.1 平均气温

2010 年 5 月至 2011 年 4 月气温各月、季和年平均气温见表 4.3.3，各月的平均值变化曲线见图 4.3.3。从表中可见年平均气温为 17.0 ℃。最高月平均气温为 7 月份的 27.5 ℃，最低月平均气温为 1 月份的 3.8 ℃。最高日平均气温出现在 2010 年 8 月 11 日，达到 32.8 ℃；最低日平均气温出现在 2011 年 1 月 21 日，达到 1.7 ℃。

表 4.3.3 2010 年 5 月至 2011 年 4 日各月、季和年平均气温(℃)

月	5	6	7	8	9	10	11	12	1	2	3	4	春	夏	秋	冬	年
气温	20.8	23.7	27.5	26.7	24.0	17.7	13.5	7.3	3.8	8.9	10.9	18.6	16.8	26.0	18.4	6.7	17.0

4.3.2.2 气温的日变化

2010 年 5 月至 2011 年 4 月气温日变化曲线见图 4.3.4。从图 4.3.4 可以看出，观测年气温的平均日变化范围在 14.4～20.2 ℃。春季气温平均日变化在 13.8～20.2 ℃，夏季在 23.1～29.4 ℃，秋季在 15.9～21.8 ℃，冬季在 4.7～9.4 ℃。

4.3.2.3 各风向平均气温

2010 年 5 月至 2011 年 4 月各风向年平均气温见表 4.3.4，2010 年 5 月至 2011

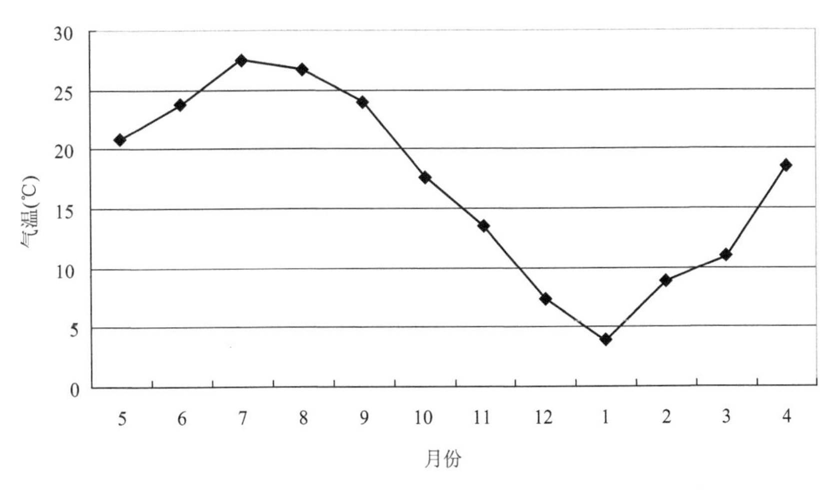

图 4.3.3　2010 年 5 月至 2011 年 4 月气温各月的平均值

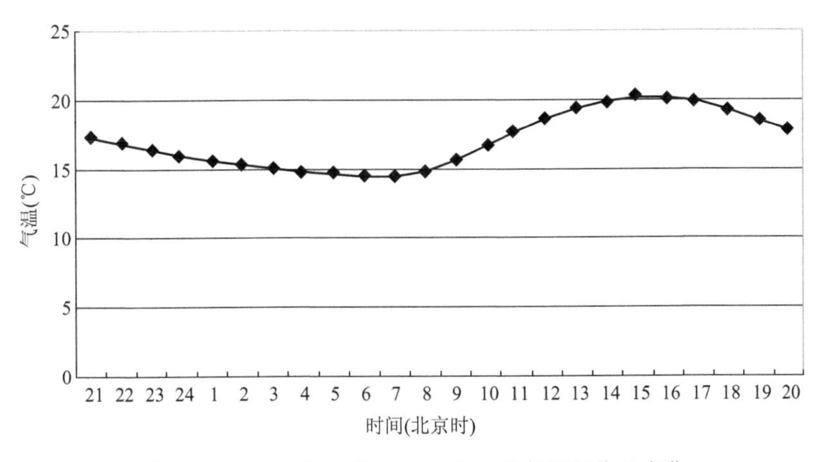

图 4.3.4　2010 年 5 月至 2011 年 4 月气温年均日变化

年 4 月各风向气温年平均值直方图见图 4.3.5。从图表中可看出，观测期内风向为南西南(SSW)的年平均温度最高，为 18.6 ℃，风向为静风(C)的年平均温度最低，为 13.3 ℃。

表 4.3.4　2010 年 5 月至 2011 年 4 月各风向年平均气温表(℃)

风向	N	NNE	NE	ENE	E	ESE	SE	SSE	S	SSW	SW	WSW	W	WNW	NW	NNW	C①
平均	17.5	17.0	17.7	17.5	16.7	17.0	17.0	18.1	17.9	18.6	18.0	16.6	17.6	16.2	16.8	18.2	13.3

① C 为静(风速小于 0.2 m/s)，下同。

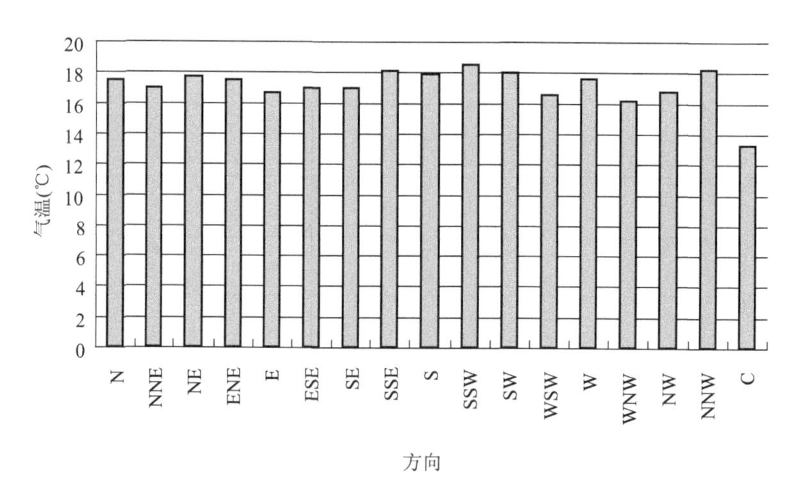

图 4.3.5 2010 年 5 月至 2011 年 4 月各风向气温年平均值直方图

4.3.2.4 最高、最低气温

2010 年 5 月至 2011 年 4 月各月最高、最低气温及出现日期见表 4.3.5。观测年极端最高气温达 38.9 ℃,出现在 2010 年 8 月 11 日;极端最低气温达－2.8 ℃,出现在 2011 年 1 月 21 日。

表 4.3.5 各月最高、最低气温及出现日期(℃)

月份		5	6	7	8	9	10	11	12	1	2	3	4
最高	气温	35.2	33.9	37.8	38.9	37.4	28.3	23.5	16.4	8.8	21.5	20.6	34.7
	出现日期	23	18	29	11	20	21	11	1	8	24	18	30
最低	气温	14.9	16.8	22.2	18.7	16.1	8.1	6.8	－2.2	－2.8	－1.0	3.7	9.7
	出现日期	10、19	1、2	20	28	25	30	20	17	21	2	15	10

4.3.3 水汽压

4.3.3.1 平均水汽压

2010 年 5 月至 2011 年 4 月各月、季和年平均水汽压见表 4.3.6,水汽压各月的平均值变化曲线见图 4.3.6。从表 4.3.6 可见观测年平均水汽压为 16.8 hPa,最大月平均值为 2010 年 7 月份的 30.0 hPa,最小月平均值为 2011 年 1 月份的 6.4 hPa。

表 4.3.6　2010 年 5 月至 2011 年 4 月各月、季和年平均水汽压(hPa)

月份	5	6	7	8	9	10	11	12	1	2	3	4	春	夏	秋	冬	年
平均水汽压	19.4	23.9	30.0	27.3	23.8	16.9	12.7	8.6	6.4	8.8	8.9	14.9	14.4	27.1	17.8	7.9	16.8

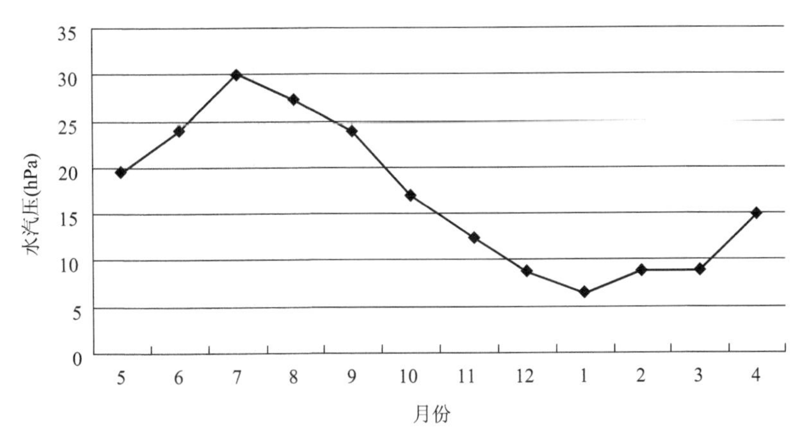

图 4.3.6　2010 年 5 月至 2011 年 4 月各月平均水汽压

4.3.3.2　水汽压的日变化

2010 年 5 月至 2011 年 4 月水汽压日变化曲线见图 4.3.7。从图 4.3.7 可见，2010 年 5 月至 2011 年 4 月水汽压年均日变化较小，06 时和 17 时为低谷，10 时为峰值。观测期水汽压年均日变化在 16.5～17.2 hPa 之间，春季平均日变化在 13.8～14.9 hPa 之间，夏季平均日变化在 26.5～27.6 hPa 之间，秋季平均日变化在 17.4～18.4 hPa 之间，冬季平均日变化在 7.8～8.1 hPa 之间。

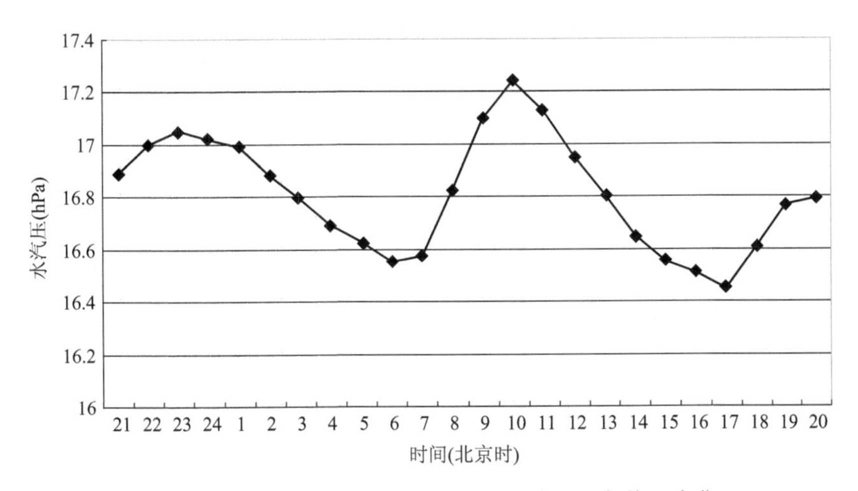

图 4.3.7　2010 年 5 月至 2011 年 4 月水汽压年均日变化

4.3.3.3 最大、最小水汽压

2010 年 5 月至 2011 年 4 月各月最大、最小水汽压及出现日期见表 4.3.7，观测期中 2010 年 7 月 30 日出现最大值 37.4 hPa，2010 年 12 月 16 日出现最小值 3.6 hPa。

表 4.3.7 2010 年 5 月至 2011 年 4 月各月最大、最小水汽压(hPa)及出现时间

月份		5	6	7	8	9	10	11	12	1	2	3	4
最大	水汽压	27.5	30.9	37.4	35.2	31.8	21.9	17.6	13.8	9.1	13.2	13.8	22.2
	出现日期	4	30	30	1	20	2 天①	8	1	1	26	31	30
最小	水汽压	11.3	17.8	20.6	20.9	16.6	10.3	6.6	3.6	4.0	5.6	4.0	9.4
	出现日期	6	9	10	29	22	29	22	16	28	2	15	22

4.3.4 相对湿度

4.3.4.1 平均相对湿度

2010 年 5 月至 2011 年 4 月相对湿度各月的平均值见图 4.3.8，各月、季和年平均相对湿度见表 4.3.8。从表 4.3.8 可见观测年平均相对湿度为 80%，最大月平均值为 2010 年 7 月、10 月、11 月、12 月的 83%，最小月平均值为 2011 年 3 月份的 70%。出现最小日平均值是 2011 年 3 月 18 日的 49%。

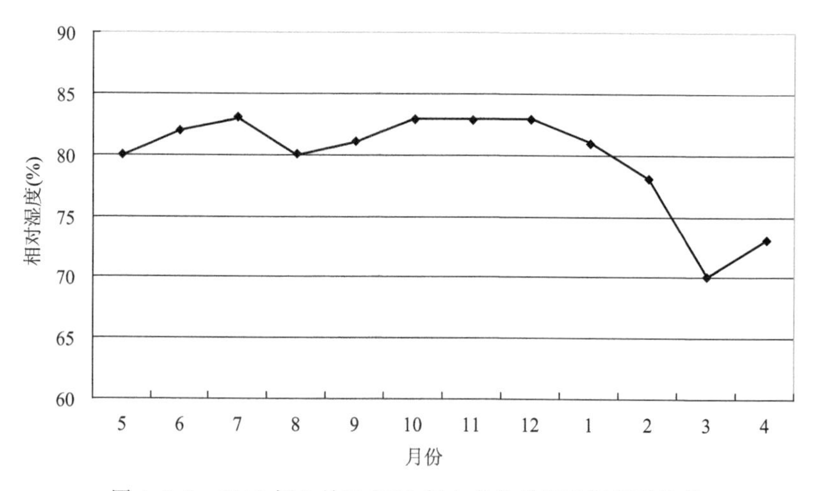

图 4.3.8 2010 年 5 月至 2011 年 4 月各月相对湿度平均值

① 2 天指 10 月份最大水汽压 21.9 hPa，共出现两次分别是 10 月 20 日和 10 月 21 日。

表 4.3.8　2010 年 5 月至 2011 年 4 月各月、季和年平均相对湿度(%)

月份	5	6	7	8	9	10	11	12	1	2	3	4	春	夏	秋	冬	年
相对湿度	80.0	82.0	83.0	80.0	81.0	83.0	83.0	83.0	81.0	78.0	70.0	73.0	74.3	81.7	82.3	80.7	80.0

4.3.4.2　相对湿度的日变化

2010 年 5 月至 2011 年 4 月相对湿度年均日变化见图 4.3.9。从图可见，平均相对湿度的日变化在 64.9%～90.9%之间，日变化幅度较大，在 07 时达到峰值后开始下降，在 16 时降到最小值，呈现出明显的日变化规律。春季平均日变化在 59.7%～87.0%之间，夏季在 67.0%～93.0%之间，秋季在 66.7%～93.0%之间，冬季在 66.3%～90.7%之间。

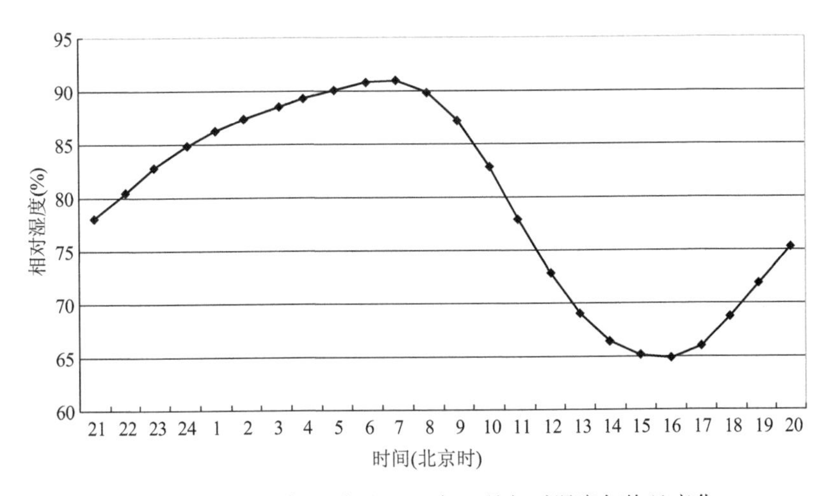

图 4.3.9　2010 年 5 月至 2011 年 4 月相对湿度年均日变化

4.3.4.3　最低相对湿度

2010 年 5 月至 2011 年 4 月各月最低相对湿度及出现时间见表 4.3.9，2011 年 4 月 26 日出现了最小值 21%。

表 4.3.9　2010 年 5 月至 2011 年 4 月各月最低相对湿度及出现日期(%)

月份	5	6	7	8	9	10	11	12	1	2	3	4
最低相对湿度	28	35	43	35	36	29	28	23	41	32	25	21
出现时间	23	16	20	11	20	22	21	7	28	24	4 天	26

4.3.5　降水

2010 年 5 月至 2011 年 4 月各月的降水量见表 4.3.10 与图 4.3.10。观测年降水量为 1164.1 mm，且降雨量最多的是夏季，特别是 8 月份，达到 339.4 mm；11 月份最少，只有 17.5 mm；2010 年 7 月 17 日降水量最多，达到 127.0 mm。

表 4.3.10　2010 年 5 月至 2011 年 4 月各月、各季和年降水量(mm)

月份	5	6	7	8	9	10	11	12	1	2	3	4	春	夏	秋	冬	年
降水量	109.0	71.6	251.7	339.4	178.2	59.3	17.5	20.2	22.9	20.1	42.5	31.7	183.2	662.7	255	63.2	1164.1

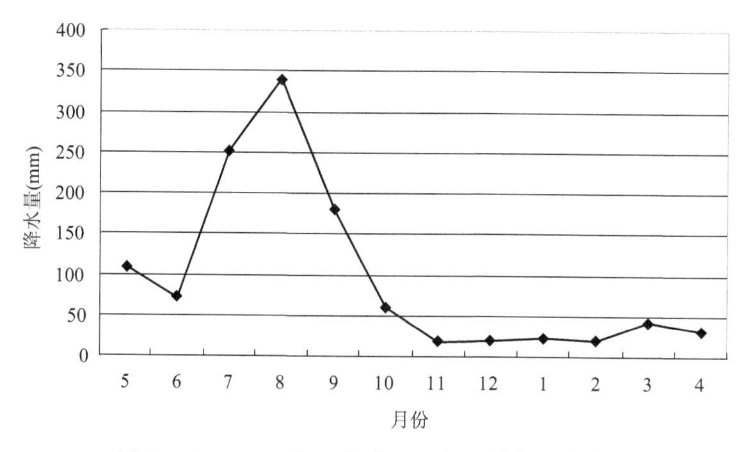

图 4.3.10　2010 年 5 月至 2011 年 4 月各月降水量

4.3.6　风

4.3.6.1　风速

四川核电厂工程厂址所在区域最显著的特点就是风速较小。2010 年 5 月至 2011 年 4 月风速月、季、年的平均值见表 4.3.11，风速各月的平均值见图 4.3.11，年平均风速的日变化见图 4.3.12。

表 4.3.11　2010 年 5 月至 2011 年 4 月各月、季和年地面平均风速(m/s)

月、季、年	5	6	7	8	9	10	11	12	1	2	3	4	春	夏	秋	冬	年
平均风速	1.4	1.4	1.3	1.5	1.6	1.3	1.2	1.4	1.4	1.5	1.8	1.5	1.6	1.4	1.4	1.4	1.4

由图 4.3.11 可见，2010 年 5 月至 2011 年 4 月各月风速差别较小，最高的 3 月份平均风速也只达到了 1.8 m/s；最低的 11 月份为 1.2 m/s；年平均风速为 1.4 m/s，全年日均最高风速出现在 2011 年 3 月 14 日，达到 5.3 m/s。

由图 4.3.12 可见，地面平均风速的日变化(年)较小，风速持续较稳定，观测年平均在 1.1～1.9 m/s 之间。春季风速日变化最大，在 1.0～2.2 m/s 之间，夏、秋、冬季风速日变化基本一样，在 1.0～1.8 m/s 之间。

年风速分级频率直方图见图 4.3.13，2010 年 5 月至 2011 年 4 月出现 1.1～2.0 m/s 的频率最高，为 42.3%；其次是 0.6～1.0 m/s，为 29.2%；大于 6.0 m/s 仅

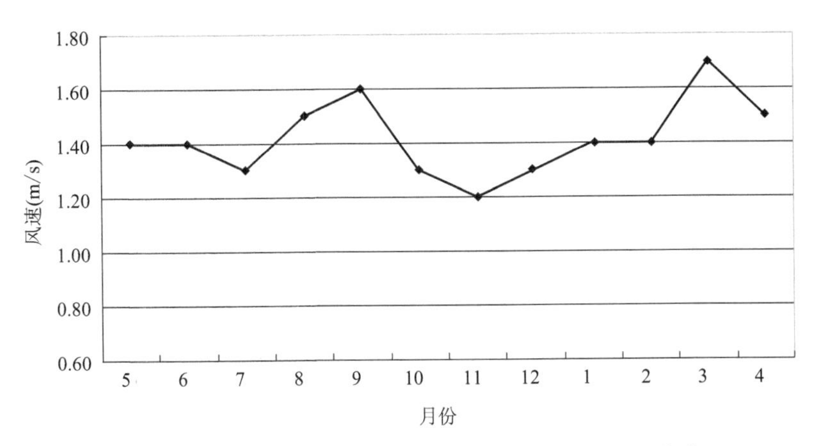

图 4.3.11　2010 年 5 月至 2011 年 4 月风速各月的平均值

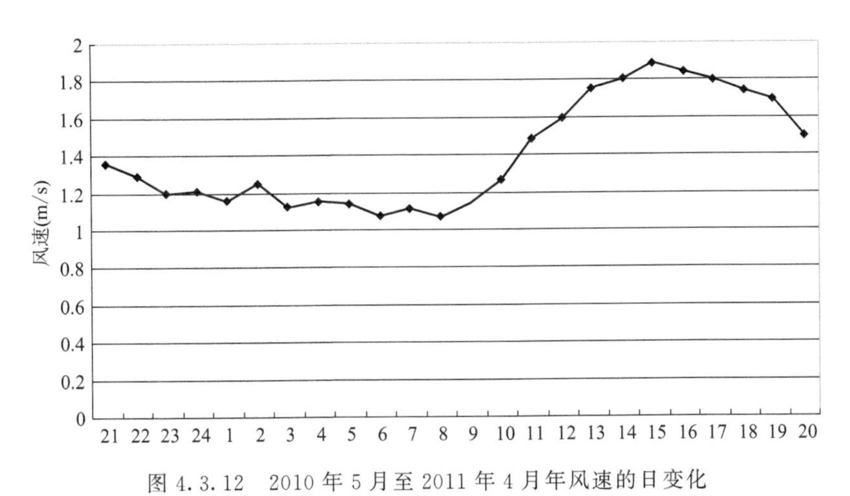

图 4.3.12　2010 年 5 月至 2011 年 4 月年风速的日变化

为 0.35%,静风(<0.5 m/s)高达到 11.0%。

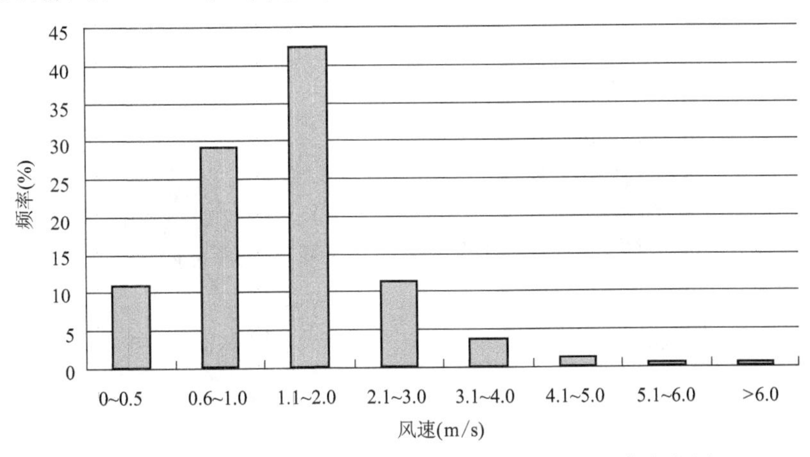

图 4.3.13　2010 年 5 月至 2011 年 4 月风速分级频率直方图

观测期出现大于 6.0 m/s 最长持续时间为 9 h。其次是 5.0～6.0 m/s 持续时间为 4 h,而且只出现了 2 次。

4.3.6.2 风向

2010 年 5 月至 2011 年 4 月观测期间各季和年的主导风向与次主导风向及其频率见表 4.3.12。可见该地的主导风向为东北(NE),次主导风向为北东北(NNE)。

表 4.3.12 2010 年 5 月至 2011 年 4 月主导风向与次主导风向及其频率(%)

季节	春季	夏季	秋季	冬季	全年
主导风向及频率	NE,14	NE,11	NE,12	NE,12	NE,12
次主导风向及频率	NNE,10	ENE,9	NNE,11	E,9	NNE,9

2010 年 5 月至 2011 年 4 月各季和年各风向频率见表 4.3.13,风玫瑰图见图 4.3.14。

表 4.3.13 2010 年 5 月至 2011 年 4 月各季和年各风向频率表(%)

项目＼风向	N	NNE	NE	ENE	E	ESE	SE	SSE	S	SSW	SW	WSW	W	WNW	NW	NNW	C
全年	7	9	12	8	7	5	3	3	3	4	6	5	3	5	7	6	6
春季	7	10	14	10	6	6	2	4	2	4	5	3	3	4	7	4	10
夏季	8	7	11	9	5	6	3	1	4	6	8	6	3	6	6	8	2
秋季	7	11	12	7	8	6	4	3	2	5	6	4	2	6	7	7	4
冬季	6	8	12	8	9	4	4	2	3	3	7	6	3	4	6	6	8

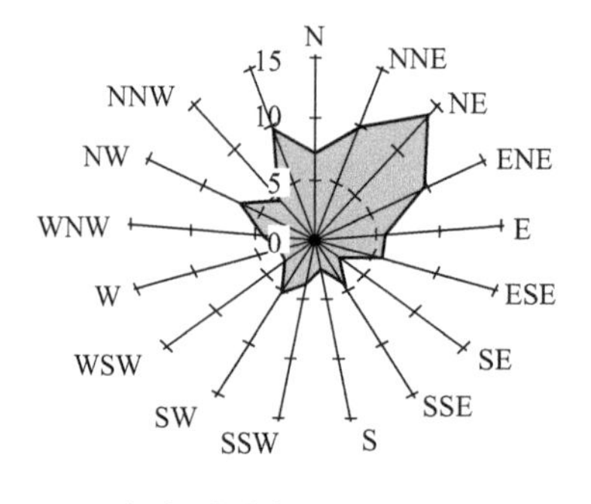

春季风向玫瑰图C：10%

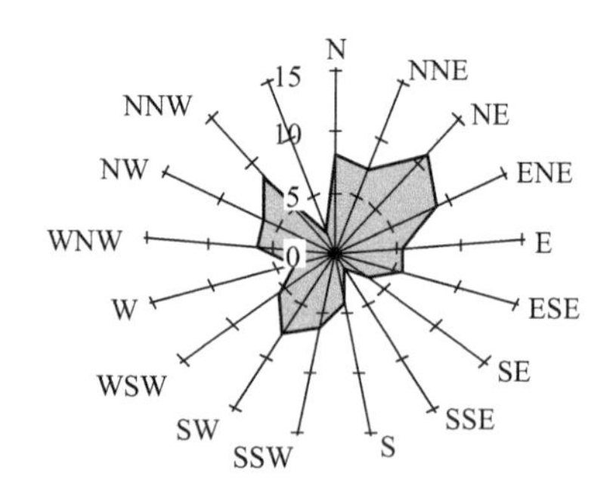

夏季风向玫瑰图C：2%

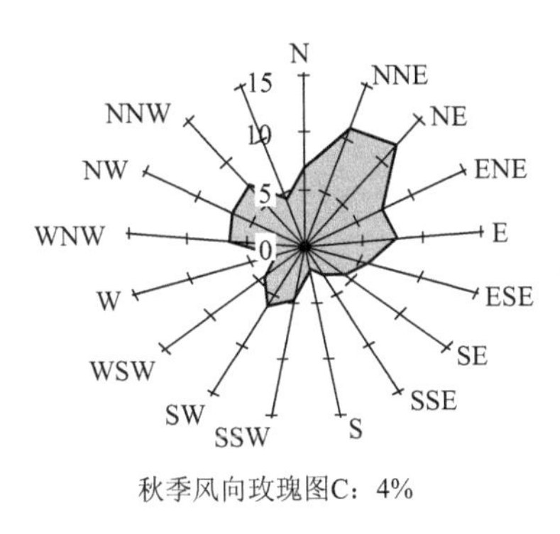

秋季风向玫瑰图C：4%

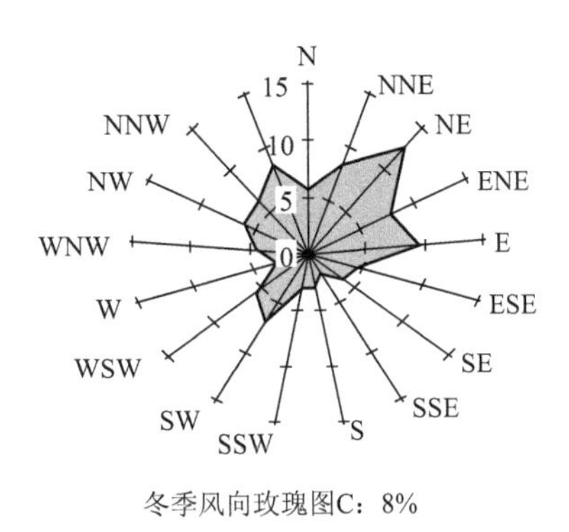

冬季风向玫瑰图C：8%

全年风向玫瑰图C：6%

图 4.3.14　2010 年 5 月至 2011 年 4 月各季、年风向玫瑰图

2010 年 5 月至 2011 年 4 月各季和年各风向的平均风速表见表 4.3.14，观测期不同风向的平均风速见图 4.3.15。从图、表可见风向为北(N)时年平均风速最高，为 1.9 m/s；其次是风向为东北(NE)的年平均风速为 1.8 m/s；年平均风速最小是南东南(SSE)和南(S)，均为 1.0 m/s。其他风向的平均风速差别不大，分布较均匀。

表 4.3.14　2010 年 5 月至 2011 年 4 月各季和年各风向的平均风速表(m/s)

风向 项目	N	NNE	NE	ENE	E	ESE	SE	SSE	S	SSW	SW	WSW	W	WNW	NW	NNW
年平均	1.9	1.7	1.8	1.5	1.4	1.4	1.2	1.0	1.0	1.6	1.6	1.1	1.2	1.3	1.5	1.7
春季	1.9	2.0	2.2	1.4	1.7	1.6	1.4	1.4	0.9	1.7	1.8	1.0	1.4	1.5	1.7	1.8
夏季	1.6	1.4	1.4	1.6	1.2	1.2	1.0	0.9	1.2	1.6	1.5	1.1	1.1	1.3	1.6	1.5
秋季	2.4	1.4	1.5	1.3	1.3	1.2	0.8	1.0	0.8	1.2	1.6	1.1	0.9	1.2	1.3	1.9
冬季	1.6	2.0	2.2	1.6	1.3	1.6	1.5	0.6	1.2	1.7	1.4	1.0	1.2	1.2	1.5	1.6

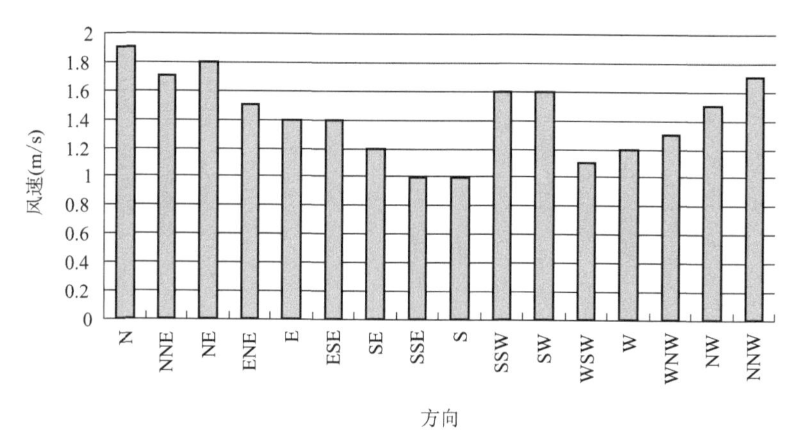

图 4.3.15　2010 年 5 月至 2011 年 4 月各风向的平均风速直方图

4.3.6.3　最大风速与极大风速

根据《地面气象观测规范》:最大风速是指在某个时段内出现的最大 10 min 平均风速值。极大风速(阵风)是指某个时段内出现的最大瞬时风速值。瞬时风速是指 3 s 平均风速。

2010 年 5 月至 2011 年 4 月期间各月最大风速、最大风速时风向及出现日期见表 4.3.15。全年最大风速为 15.6 m/s,风向为北东北(NNE),出现时间为 2010 年 8 月 1 日。

表 4.3.15　2010 年 5 月至 2011 年 4 月各月最大风速、最大风速时风向及出现时间(m/s)

月份	5	6	7	8	9	10	11	12	1	2	3
风速	6.8	8.1	6.3	15.6	8.2	5.6	6.2	8.2	5.8	6.7	9.7
风向	NE	ENE	NNW	NNE	NW	N	NNE	NNE	ENE	NNE	NNE
出现日期	6	21	9	1	21	25	14	15	2	28	14

2010 年 5 月至 2011 年 4 月期间各月地面极大风速、极大风速时风向及出现时间见表 4.3.16。全年极大风速为 24.0 m/s,风向为东北(NE),出现时间为 2010 年 8 月 1 日。

表 4.3.16　2010 年 5 月至 2011 年 4 月各月极大风速、极大风速时风向及出现时间(m/s)

月份	5	6	7	8	9	10	11	12	1	2	3	4
风速	12.2	10.8	9.1	24.0	11.6	8.2	9.6	11.6	7.7	9.2	13.1	8.1
风向	NE	ENE	N	NE	NNW	N	NNE	NNE	E	N	N	ENE
出现日期	6	21	9	1	21	25	14	15	2	28	14	16

4.3.7　蒸发

2010 年 5 月至 2011 年 4 月各月的蒸发量见表 4.3.17 和图 4.3.16。观测年蒸发量为 813.9 mm。蒸发量较多的是 2010 年 5 月、6 月、7 月、8 月，特别是 6 月份，达到 112.4 mm；蒸发量最少的是 2011 年 2 月，只有 32.4 mm。

表 4.3.17　2010 年 5 月至 2011 年 4 月各月、各季和年蒸发量(mm)

月份	5	6	7	8	9	10	11	12	1	2	3	4	春	夏	秋	冬	年
蒸发量	88.8	112.4	93.5	90.0	78.0	63.2	51.3	39.7	33.7	32.4	61.3	69.6	219.7	295.9	192.5	105.8	813.9

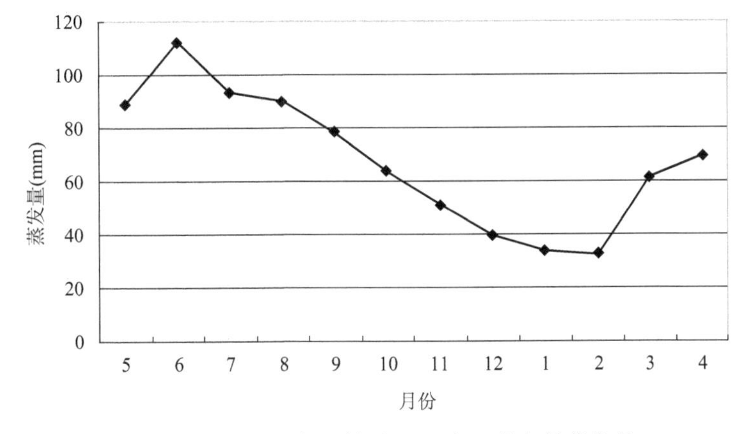

图 4.3.16　2010 年 5 月至 2011 年 4 月各月蒸发量

三坝站蒸发自动测量仪器设备(型号:AG1-1)选型合规，安装、调试符合技术规范要求，无不当维护，感应信号采集处理系统运行正常。经核查分析三坝站蒸发量逐日小时数据记录，未发现仪器(系统)记录中断(不记录)现象，感应信号采集、处理系统运行正常，无异常现象。按《地面气象观测规范》要求，检查维护工作记录和调查了解日常工作情况，无不当维护。

三坝站大型蒸发设备与蓬安站小型蒸发设备的安装、观测方式不同。三坝站蒸发(型号:AG1-1)量值与蓬安蒸发(小型蒸发器，直径 20.0 cm)量值逐日比较分析，主要表现为：

(1)三坝站蒸发量值与蓬安站蒸发量值逐日比较，波动不同。

(2)蒸发值受温度、风速、湿度、降水、天气状况影响明显，其值波动较大。

三坝站与蓬安站蒸发量值差异属于两站对蒸发量的观测方式不同、观测时间较短以及周围环境的差异(温度、风速、湿度、降水、天气状况)所致。

4.3.8 地温

4.3.8.1 0 cm 地温

2010 年 5 月至 2011 年 4 月各月 0 cm 地温见表 4.3.18 与图 4.3.17。观测年年均 0 cm 地温为 18.7 ℃。月均 0 cm 地温较高的是 2010 年 7 月、8 月，特别是 7 月份，达到 30.5 ℃；月均 0 cm 地温最低的是 2011 年 1 月的 4.3 ℃。

表 4.3.18 2010 年 5 月至 2011 年 4 月各月、各季和年 0 cm 地温(℃)

月份	5	6	7	8	9	10	11	12	1	2	3	4	春	夏	秋	冬	年
地温	22.5	25.9	30.5	30.3	26.6	18.9	14.2	7.9	4.3	9.5	12.6	21.1	18.7	28.9	19.9	7.2	18.7

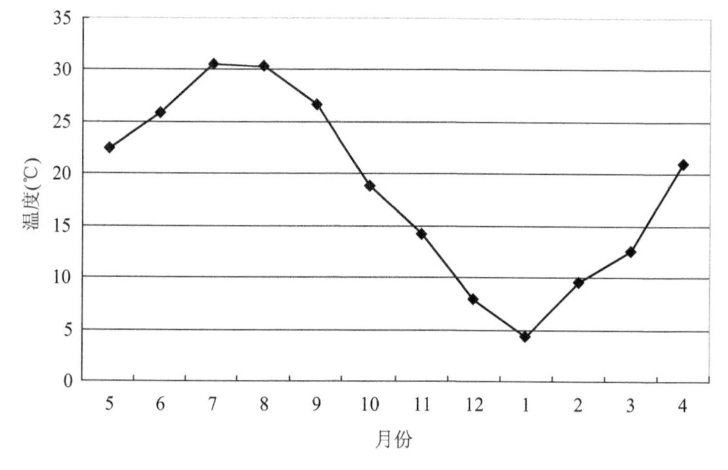

图 4.3.17 2010 年 5 月至 2011 年 4 月各月 0 cm 地温

4.3.8.2 5 cm 地温

2010 年 5 月至 2011 年 4 月各月 5 cm 地温见表 4.3.19 和图 4.3.18。观测年年均 5 cm 地温为 18.5 ℃。月均 5 cm 地温较高的是 2010 年 7 月、8 月，特别是 8 月份，达到 29.6 ℃；月均 5 cm 地温最低的是 2011 年 1 月的 5.0 ℃。

表 4.3.19 2010 年 5 月至 2011 年 4 月各月、各季和年 5 cm 地温(℃)

月份	5	6	7	8	9	10	11	12	1	2	3	4	春	夏	秋	冬	年
地温	21.9	25.7	29.5	29.6	26.0	19.2	14.5	8.5	5.0	9.4	12.5	20.1	18.2	28.3	19.9	7.6	18.5

4.3.8.3 10 cm 地温

2010 年 5 月至 2011 年 4 月各月 10 cm 地温见表 4.3.20 与图 4.3.19。观测年年均 10 cm 地温为 18.5 ℃。月均 10 cm 地温较高的是 2010 年 7 月、8 月，特别是 8 月

份,达到 29.6 ℃;月均 10 cm 地温最低的是 2011 年 1 月的 5.5 ℃。

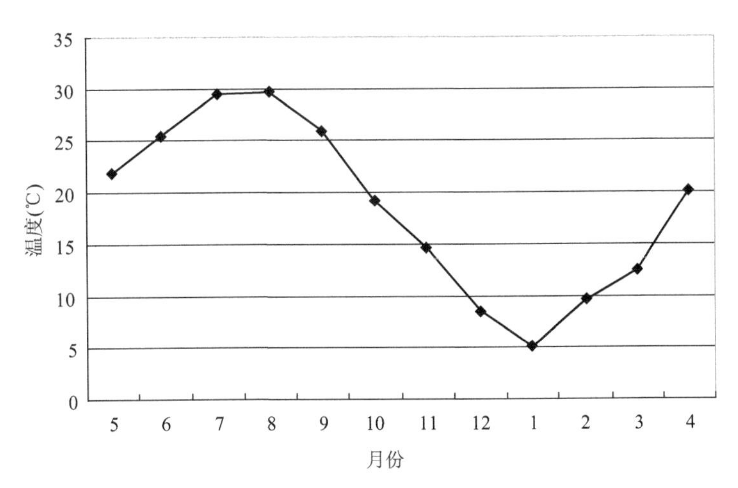

图 4.3.18　2010 年 5 月至 2011 年 4 月各月 5 cm 地温

表 4.3.20　2010 年 5 月至 2011 年 4 月各月、各季和年 10 cm 地温(℃)

月份	5	6	7	8	9	10	11	12	1	2	3	4	春	夏	秋	冬	年
地温	21.8	25.3	29.2	29.6	26.1	19.6	14.9	9.0	5.5	9.4	12.5	19.6	18.0	28.0	20.2	8.0	18.5

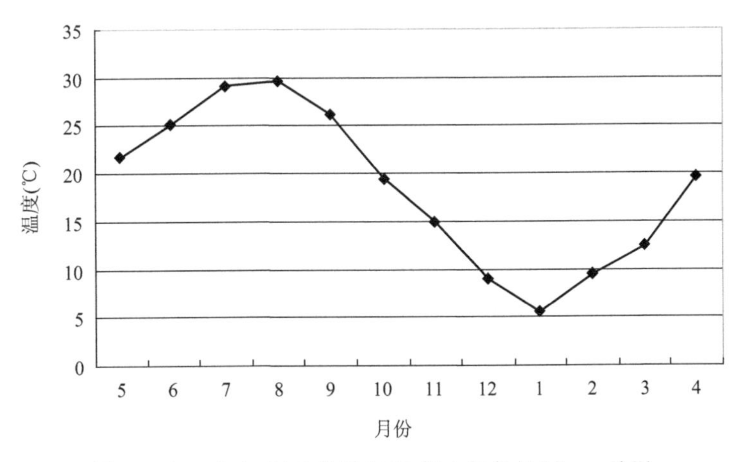

图 4.3.19　2010 年 5 月至 2011 年 4 月各月 10 cm 地温

4.3.8.4　15 cm 地温

2010 年 5 月至 2011 年 4 月各月 15 cm 地温见表 4.3.21 和图 4.3.20。观测年年均 15 cm 地温为 18.6 ℃。月均 15 cm 地温较高的是 2010 年 7 月、8 月,特别是 8 月份,达到 29.6 ℃;月均 15 cm 地温最低的是 2011 年 1 月的 6.0 ℃。

表 4.3.21　2010 年 5 月至 2011 年 4 月各月、各季和年 15 cm 地温(℃)

月份	5	6	7	8	9	10	11	12	1	2	3	4	春	夏	秋	冬	年
地温	21.6	25.1	28.9	29.6	26.2	19.9	15.2	9.6	6.0	9.5	12.6	19.2	17.8	27.9	20.4	8.4	18.6

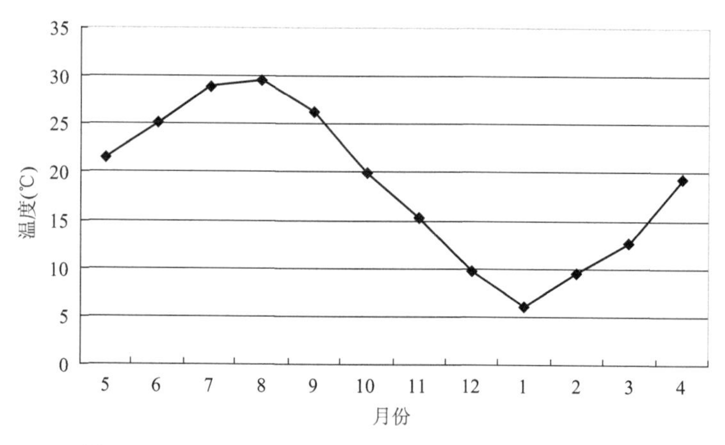

图 4.3.20　2010 年 5 月至 2011 年 4 月各月 15 cm 地温

4.3.8.5　20 cm 地温

2010 年 5 月至 2011 年 4 月各月 20 cm 地温见表 4.3.22 和图 4.3.21。观测年年均 20 cm 地温为 18.6 ℃。月均 20 cm 地温较高的是 2010 年 7 月、8 月，特别是 8 月份，达到 29.4 ℃；月均 20 cm 地温最低的是 2011 年 1 月的 6.3 ℃。

表 4.3.22　2010 年 5 月至 2011 年 4 月各月、各季和年 20 cm 地温(℃)

月份	5	6	7	8	9	10	11	12	1	2	3	4	春	夏	秋	冬	年
地温	21.3	24.7	28.5	29.4	26.1	20.1	15.5	10.0	6.3	9.4	12.5	18.8	17.5	27.5	20.6	8.6	18.6

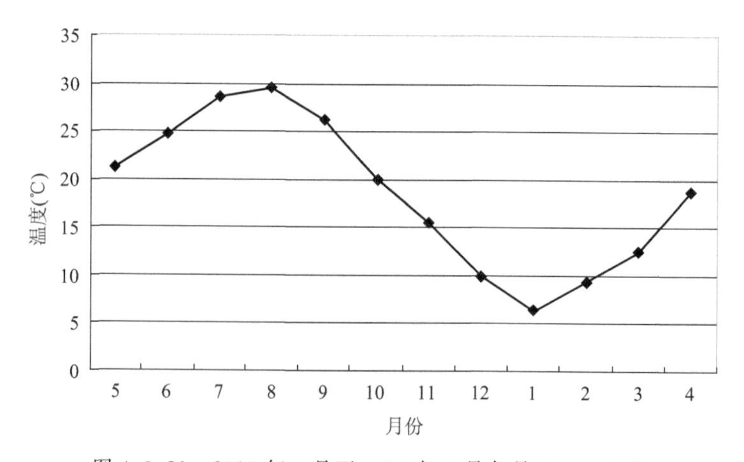

图 4.3.21　2010 年 5 月至 2011 年 4 月各月 20 cm 地温

4.3.8.6　40 cm 地温

2010 年 5 月至 2011 年 4 月各月 40 cm 地温见表 4.3.23 和图 4.3.22。观测年年均 40 cm 地温为 18.3 ℃。月均 40 cm 地温较高的是 2010 年 7 月、8 月，特别是 8 月份，达到 27.6 ℃；月均 40 cm 地温最低的是 2011 年 1 月的 8.5 ℃。

表 4.3.23　2010 年 5 月至 2011 年 4 月各月、各季和年 40 cm 地温(℃)

月份	5	6	7	8	9	10	11	12	1	2	3	4	春	夏	秋	冬	年
地温	19.9	23.0	26.4	27.6	25.1	21.0	16.8	12.4	8.5	9.9	12.5	16.7	16.4	25.7	21.0	10.2	18.3

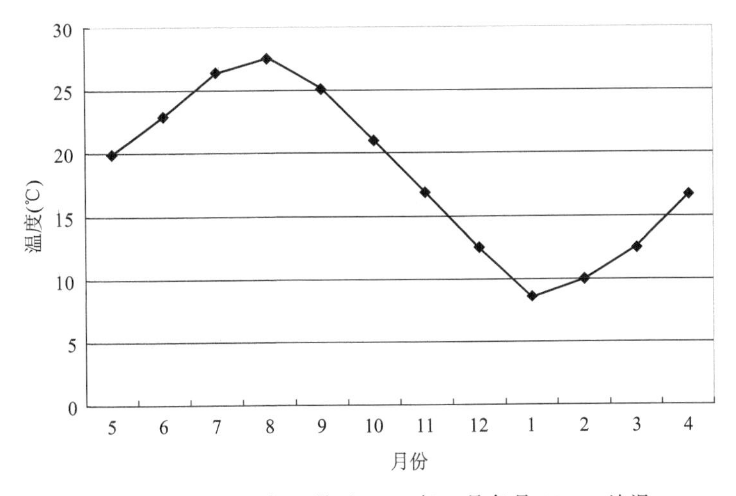

图 4.3.22　2010 年 5 月至 2011 年 4 月各月 40 cm 地温

4.3.8.7　80 cm 地温

2010 年 5 月至 2011 年 4 月各月 80 cm 地温见表 4.3.24 和图 4.3.23。观测年年均 80 cm 地温为 18.3 ℃。月均 80 cm 地温最高的是 2010 年 8 月，达到 26.7 ℃；月均 80 cm 地温较低的是 2011 年 1 月和 2 月，特别是 2 月份，为 10.4 ℃。

表 4.3.24　2010 年 5 月至 2011 年 4 月各月、各季和年 80 cm 地温(℃)

月份	5	6	7	8	9	10	11	12	1	2	3	4	春	夏	秋	冬	年
地温	18.5	21.5	24.5	26.7	24.9	22.0	18.1	14.5	10.6	10.4	12.7	15.3	15.5	24.2	21.7	11.8	18.3

4.3.8.8　160 cm 地温

2010 年 5 月至 2011 年 4 月各月 160 cm 地温见表 4.3.25 和图 4.3.24。观测年年均 160 cm 地温为 18.3 ℃。月均 160 cm 地温较高的是 2010 年 8 月、9 月，特别是 8 月份，达到 24.2 ℃；月均 160 cm 地温最低的是 2011 年 2 月的 12.4 ℃。

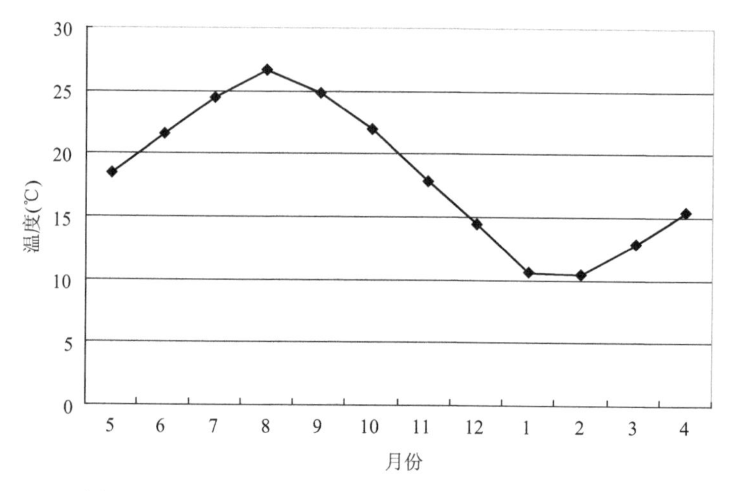

图 4.3.23　2010 年 5 月至 2011 年 4 月各月 80 cm 地温

表 4.3.25　2010 年 5 月至 2011 年 4 月各月、各季和年 160 cm 地温(℃)

月份	5	6	7	8	9	10	11	12	1	2	3	4	春	夏	秋	冬	年
地温	16.9	19.2	21.8	24.2	23.8	22.5	19.9	17.2	14.0	12.4	13.3	14.5	14.9	21.7	22.1	14.5	18.3

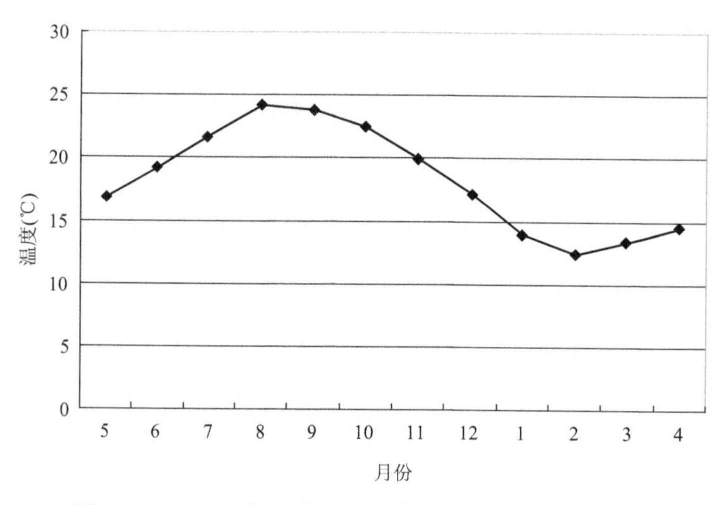

图 4.3.24　2010 年 5 月至 2011 年 4 月各月 160 cm 地温

4.3.8.9　320 cm 地温

2010 年 5 月至 2011 年 4 月各月 320 cm 地温见表 4.3.26 和图 4.3.25。观测年年均 320 cm 地温为 18.3 ℃。月均 320 cm 地温较高的是 2010 年 9 月、10 月，特别是 10 月份，达到 21.3 ℃；月均 320 cm 地温最低的是 2011 年 3 月、4 月，均为 15.5 ℃。

表 4.3.26　2010 年 5 月至 2011 年 4 月各月、各季和年 320 cm 地温(℃)

月份	5	6	7	8	9	10	11	12	1	2	3	4	春	夏	秋	冬	年
地温	16.2	17.2	18.6	20.2	21.2	21.3	20.7	19.5	17.8	16.2	15.5	15.5	15.7	18.7	21.1	17.8	18.3

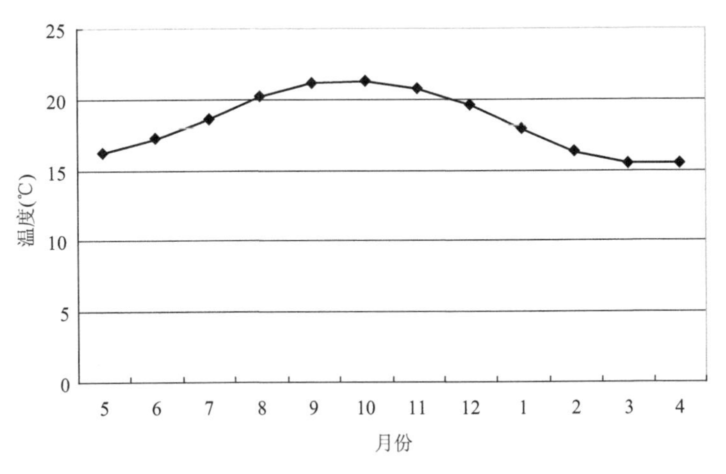

图 4.3.25　2010 年 5 月至 2011 年 4 月各月 320 cm 地温

4.3.9　太阳辐射

2010 年 5 月至 2011 年 4 月各月及年总辐射和净辐射总量见表 4.3.27 和图 4.3.26。由表 4.3.27 可见，观测年年总辐射量为 3657.79 MJ/m²，月总辐射总量最高为 2010 年 8 月份的 489.84 MJ/m²，月总辐射总量最低为 2011 年 1 月份的 132.52 MJ/m²。观测年净辐射量为 1813.84 MJ/m²，月净辐射总量最高为 2010 年 7 月份的 261.50 MJ/m²，月净辐射总量最低为 2011 年 1 月份的 42.00 MJ/m²。

表 4.3.27　2010 年 5 月至 2011 年 4 月各月及年总辐射、净辐射总量(MJ/m²)

月份	5	6	7	8	9	10	11	12	1	2	3	4	年
总辐射	351.64	397.91	441.53	489.84	330.99	243.38	224.19	155.76	132.52	182.83	296.31	410.89	3657.79
净辐射	219.01	224.65	261.50	230.58	177.63	116.25	98.40	42.39	42.00	75.23	122.74	203.46	1813.84

2010 年 5 月至 2011 年 4 月总辐射、净辐射各月最大辐照度及出现时间见表 4.3.28。观测期内总辐射年最大辐照度为 2010 年 6 月 13 日的 1480 W/m²，净辐射年最大辐照度为 2010 年 6 月 13 日的 1191 W/m²。

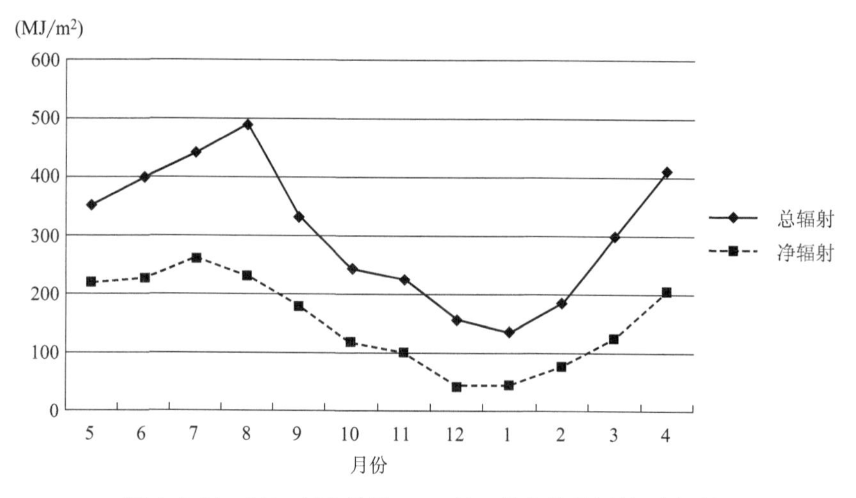

图 4.3.26　2010 年 5 月至 2011 年 4 月各月总辐射、净辐射

表 4.3.28　总辐射、净辐射各月最大辐照度及出现时间(W/m^2)

月	5	6	7	8	9	10	11	12	1	2	3	4
总辐射	1318	1480	1272	1259	1342	1203	834	622	575	837	993	1051
出现时间	8 日 12:47	13 日 12:10	24 日 12:53	31 日 12:23	10 日 11:09	14 日 12:10	16 日 11:09	25 日 12:01	11 日 12:32	13 日 11:31	18 日 11:26	6 日 11:30
净辐射	1114	1191	1056	1009	1047	893	622	405	348	584	673	774
出现时间	8 日 12:47	13 日 12:10	7 日 11:59	16 日 12:01	10 日 11:09	14 日 12:10	16 日 11:09	26 日 12:12	8 日 12:04	13 日 11:31	27 日 12:32	6 日 11:30

4.3.10　湿球温度

湿球温度由相对湿度、干球温度与气压等参数推算。各月、季和年平均湿球温度见表 4.3.29，湿球温度各月的平均值变化曲线见图 4.3.27。从表中可见年平均湿球温度为 14.8 ℃。最高月平均湿球温度为 7 月份的 25.0 ℃，最低月平均湿球温度为 1 月份的 2.6 ℃。最高日平均湿球温度是 2010 年 7 月 30 日的 27.8 ℃；出现最低日平均湿球温度是 2010 年 12 月 16 日的 0.6 ℃。

表 4.3.29　2010 年 5 月至 2011 年 4 月各月、季和年平均湿球温度(℃)

月	5	6	7	8	9	10	11	12	1	2	3	4	春	夏	秋	冬	年
温度	18.3	21.4	25.0	23.8	21.4	15.9	11.9	6.1	2.6	7.1	8.3	15.2	13.9	23.4	16.4	5.3	14.8

4.3.11　云、能见度及天气现象

蓬安站距离专用气象站 9 km，本报告给出蓬安站的云、能见度及天气现象统计结果。

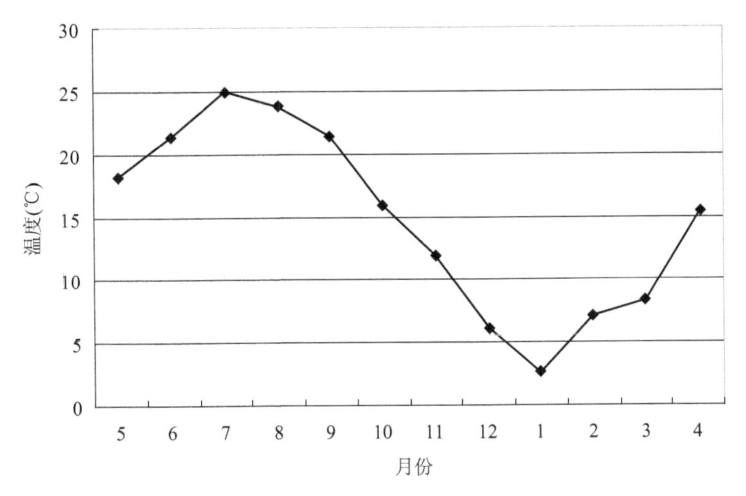

图 4.3.27　2010 年 5 月至 2011 年 4 月湿球温度各月的平均值

蓬安站 2010 年 5 月至 2011 年 4 月各月、季和年平均总云量与低云量见表 4.3.30，年平均总云量为 8.3 成，年平均低云量为 7.2 成，2011 年 1 月份月均总云量最高达到了 9.7 成，2011 年 1 月份月均低云量最高达到了 9.4 成。图 4.3.28 为各月平均总云量与低云量。

表 4.3.30　2010 年 5 月至 2011 年 4 月各月、季和年平均总云量与低云量(成)

月	5	6	7	8	9	10	11	12	1	2	3	4	春	夏	秋	冬	年
总云量	8.5	8.7	8.2	6.9	7.7	8.8	8.3	7.7	9.7	9.2	8.8	6.9	8.1	7.9	8.3	8.9	8.3
低云量	7.6	6.8	7.1	5.7	6.5	8.2	6.5	7.4	9.4	8.6	7.7	5.4	6.9	6.5	7.1	8.5	7.2

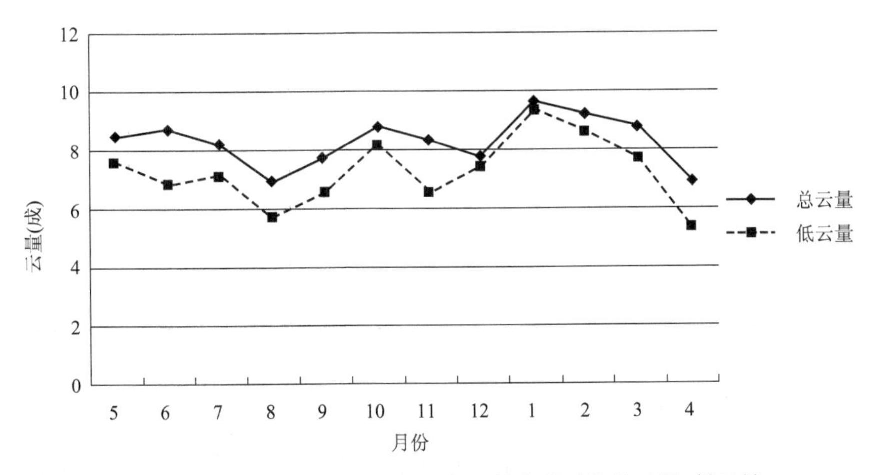

图 4.3.28　2010 年 5 月至 2011 年 4 月各月平均总云量、低云量

蓬安站各月不同范围能见度出现次数见表 4.3.31。2010 年 5 月至 2011 年 4 月出现 0.0～0.9 km 合计 24 次;出现 1.0～1.9 km 合计 2 次;出现 2.0～3.9 km 合计 51 次;出现 4.0～9.9 km 合计 153 次;出现≥10.0 km 合计 865 次。

表 4.3.31　2010 年 5 月至 2011 年 4 月各月不同范围能见度出现次数(次)

范围＼月	5	6	7	8	9	10	11	12	1	2	3	4
0.0～0.9 km						4	9	6	2	1	1	1
1.0～1.9 km										2		
2.0～3.9 km	6	2	2	2	3	5	5	9	5	5	4	3
4.0～9.9 km	8	9	6	2	5	10	21	29	13	25	9	16
≥10.0 km	79	79	85	89	82	74	55	49	73	51	79	70

蓬安气象站各种天气现象出现日数,见表 4.3.32。

表 4.3.32　2010 年 5 月至 2011 年 4 月蓬安站各月天气现象出现日数(d)

天气现象	5 月	6 月	7 月	8 月	9 月	10 月	11 月	12 月	1 月	2 月	3 月	4 月	年
雨	21	17	23	12	11	12	7	8	12	7	12	11	153
雪								1	4				5
雾						4	10	6	2	2	1	1	26
轻雾	12	10	8	4	7	12	17	17	15	17	12	11	142
露	7	12	12	8	11	18	26	19	12	12	4	6	147
霜								5	5	1			11
积雪													
结冰								2	5				7
雷暴	3		11	6	1								21
闪电		1											1
飑													

4.3.12　灾害性天气现象

2010 年 7 月 17 日,蓬安县全县范围出现暴雨天气过程,全县 39 个乡镇、17.3 万人受灾。因灾死亡大牲畜 1 头;损坏房屋建筑 3782 间,倒塌 2315 间;1930 hm^2 农作物受灾，成灾 1295 hm²，绝收 635 hm²，粮食减产 1.56 万 t；农业经济损失 1737 万元，直接经济损失 3522.0 万元。

2010 年 8 月 1 日 02 时至 8 月 1 日 08 时，蓬安县出现局地暴雨。因灾死亡大牲畜 62 头；房屋损坏 2473 间，倒塌 454 间；直接经济损失 2768.3 万元，农业经济损失 1924.6 万元，基础设施损失 535.5 万元，工艺设施损失 121.0 万元，家庭财产损失 187.2 万元。由于前期预报较为准确，减少经济损失 1280.0 万元。

2010 年 8 月 21—22 日，蓬安全县范围内出现暴雨过程，并伴有短时大风，过程降水量 219.4 mm。全县 6.9 万人受灾，紧急转移安置 2795 人；农作物受灾面积 2330 hm²，绝收 562 hm²；损坏房屋 1283 间，倒塌房屋 789 间。直接经济损失 2768.0 万元。

4.4 专用气象站与蓬安站气象要素对比分析

4.4.1 区域气象站及参证站

4.4.1.1 区域气象站概况

在大气环流特性一致条件下，一个区域的气候取决于下垫面因素，因此，厂址附近区域气象站的选择应充分考虑其下垫面因素的相似性。三坝厂址地处四川盆地中部丘陵地区，在厂址东南面 20～30 km 为东北—西南向的金城山条状山地，长约 60 km，宽约 5～10 km，海拔 500.0～800.0 m。在其山地的西北面、距厂址 50 km 范围内，选择地形相似、海拔相近的蓬安、西充、南充高平与营山 4 个气象站作为厂址附近气象站。这些站所在的区域均为丘陵地形，海拔 300.0～500.0 m，地势平缓起伏，相对高差 50.0～100.0 m；各气象站及厂址海拔高度相差小于 30.0 m。因此，区域气候一致性较好。

4.4.1.1.1 气象站基本情况

(1)蓬安气象站

蓬安气象站位于三坝厂址东北面约 9 km 的周口镇城南村汪家梁，观测场海拔 324.9 m，每日 3 次定时观测。气象站与厂址均处于嘉陵江左岸平坝浅丘地带，相距较近，属同一气候区，蓬安气象站实测资料对三坝厂址具有较好的代表性。该站自 1959 年 1 月建站以来站址保持不变，有连续 51 年气象观测资料。蓬安气象站系国家一般站，资料的可靠性、一致性、代表性均较好。据现场踏勘，观测场位于城中一独立小山包上，地势相对较高，比周围高出约 20.0 m。从 20 世纪 80 年代开始周围陆续建了一些房屋，但高出观测场不多，且有一定的距离，对观测影响较小。蓬安气象站观测场见图 4.4.1 至图 4.4.3。

(2)南充高坪气象站

南充高坪气象站位于三坝厂址西南面约 27 km，前身为原南充县气象站，1964 年 6 月建站时站址位于南充县龙门镇东瓜山南华宫，观测场海拔约 500.0 m。1967 年 6

图 4.4.1　蓬安气象站观测场(南向)

图 4.4.2　蓬安气象站观测场(东北向)

月迁往南充县河东庙子山,位于原站址西南面,相距约 15 km,观测场海拔 309.3 m,每日 3 次定时观测。

原南充市气象台位于金鱼岭,观测场海拔 297.7 m,每日 4 次定时观测。该台建于 1951 年,1983 年 12 月 31 日将地面气象观测业务迁往高坪气象站。高坪气象站资料系列中,1984 年前为原南充市气象台观测资料,1984 年起为高坪气象站观测资料,两站相距 3 km,高差 11.6 m,地形相似,均为浅丘平坝,经两站对比观测,各气象要素基本无差别,两站资料可合并为一个序列统计,有 59 年的气象观测资料。南充高坪气象站系国家基本站,资料的可靠性、一致性、代表性较好。据现场踏勘,观测场位于

图 4.4.3　蓬安气象站观测场(西北向)

城中宽缓小山包上,地势相对较高,周围房屋较少,且有一定距离,比较开阔,对观测影响较小。高坪气象站观测场见图 4.4.4、图 4.4.5。

图 4.4.4　高坪气象站观测场(南向)

图 4.4.5　高坪气象站观测场(北向)

(3)西充气象站

西充气象站位于厂址西面约 40 km 处的西充县晋城镇三村，观测场海拔 361.2 m，每日 3 次定时观测，站址周围 5 km 范围为浅丘平坝。该站于 1959 年 1 月建站，2007 年 1 月 1 日迁站，观测场海拔 378.4 m。老站有连续 48 年气象观测资料。西充气象站系国家一般站，资料可靠。据现场踏勘调查，旧观测场位于城中宽缓小山包上，地势相对较高，以前周围基本没有房屋，对观测影响较小；2005 年因观测场南侧新建了法院大楼，对观测产生了影响，经上级部门批准南迁约 2 km，新观测场位于城边山顶，周围开阔无遮挡。西充气象站观测场见图 4.4.6、图 4.4.7。

(4)营山气象站

营山气象站位于厂址东北面约 27 km 的营山县朗池镇粮店桥，观测场海拔 338.5 m，每日 3 次定时观测，站址周围 5 km 范围为浅丘平坝。该站自 1958 年 10 月建站以来站址保持不变，有连续 51 年气象观测资料。营山气象站系国家一般站，资料可靠。据现场踏勘调查，观测场位于城中宽缓小山包上，地势相对较高，1994 前周围基本没有房屋，1994 年后周围陆续建了一些房屋，对观测产生了一定的影响。营山气象站观测场见图 4.4.8、图 4.4.9。

图 4.4.6 西充气象站观测场(旧)

图 4.4.7 西充气象站观测场(新)

图 4.4.8　营山气象站观测场(南向)

图 4.4.9　营山气象站观测场(北向)

(5)核电厂址专用气象站

核电厂址专用气象站位于蓬安县三坝乡核电厂址区域,观测场海拔 338.8m。

站址处于嘉陵江左岸平坝浅丘地带，四周开阔无屏障。该站于 2010 年 5 月建成，为有人值守的自动气象站，观测项目齐全。三坝厂址专用气象站观测场见图 4.4.10。

各站基本情况见表 4.4.1。

图 4.4.10　厂址专用气象站观测场

表 4.4.1　各气象站基本情况一览表

站名	站类	观测场海拔(m)	资料年限	与厂址关系	观测场地形环境
蓬安	一般	324.9	1959—2009	东北面约 9 km	嘉陵江宽缓河流阶地，观测场位于城中一独立小山包上，比周围高出约 20.0 m。从 20 世纪 80 年代开始周围陆续建了一些房屋，但高出观测场不多，且有一定的距离，对观测影响较小。
南充高坪	基本	309.3	1951—2010	西南面约 27 km	浅丘平坝，观测场位于城中宽缓山包上，地势相对较高，比较开阔，周围房屋不多，影响较小。
西充	一般	361.2	1959—2009	西面约 40 km	浅丘平坝，观测场位于城中宽缓小山包上，地势相对较高，2005 年前周围基本没有房屋，对观测影响较小；2005 年因观测场南侧新建了法院大楼，对观测产生了影响，经上级部门批准南迁约 2 km，新观测场，周围开阔无遮挡。
营山	一般	338.5	1959—2009	东北面约 27 km	浅丘平坝，观测场位于城中宽缓小山包上，地势相对较高，1994 前周围基本没有房屋，之后周边陆续建了一些房屋，对观测产生了一定的影响。
厂址专用站	专用	338.8	2010.5 建站	厂址东南边缘	嘉陵江宽缓河流阶地。

4.4.1.1.2　主要同步气象要素对比

厂址附近区域 4 个气象站和核电厂址专用气象站 2010 年 5 月至 2011 年 4 月的同步气压、气温、降水、风速的逐月过程数据见表 4.4.2 至表 4.4.5 和图 4.4.11 至图 4.4.14。由同步资料可见：各站各气象要素的变化在时间分布上的相应性及其在数值分布上的相近性体现均佳，其中厂址专用气象站与蓬安气象站之间有更好的紧密性。

表 4.4.2　各气象站同步气压对比表(hPa)

项目		核电	西充	蓬安	营山	南充高坪
2010 年	5 月	968.6	963.9	970.2	968.6	972.1
	6 月	967.7	963.1	969.3	967.7	971.2
	7 月	963.8	959.3	965.4	963.8	967.2
	8 月	967.4	962.9	969	967.5	970.9
	9 月	971.0	966.7	972.5	971.0	974.5
	10 月	978.7	974.6	980.3	978.6	982.3
	11 月	981.1	976.9	982.7	981.0	984.7
	12 月	980.5	976.4	982.2	980.5	984.2
2011 年	1 月	986.1	981.9	987.8	986.1	989.8
	2 月	977.1	973.1	978.7	977.0	980.7
	3 月	981.6	977.6	983.1	981.5	985.2
	4 月	973.6	969.9	975.2	973.6	977.1

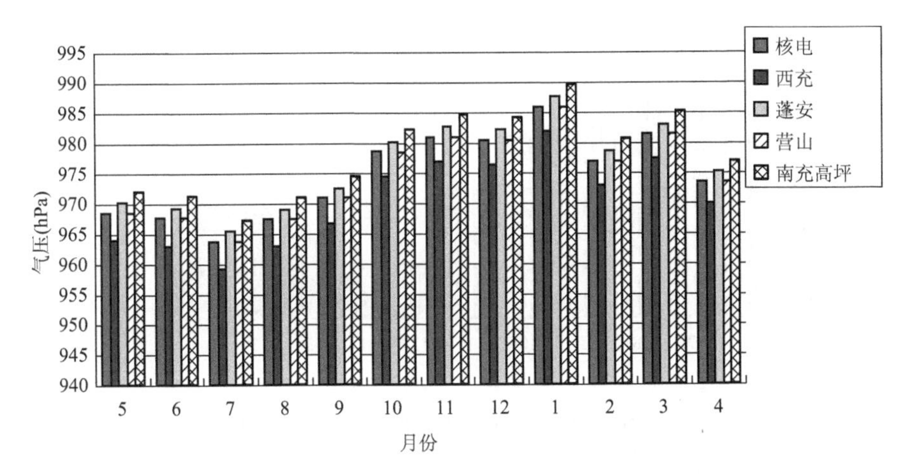

图 4.4.11　2010 年 5 月至 2011 年 4 月各气象站同步逐月气压对比图

表 4.4.3 各气象站同步气温对比表(℃)

项目		核电	西充	蓬安	营山	南充高坪
2010 年	5 月	20.8	20.7	21.3	21.3	21.1
	6 月	23.7	23.6	24.3	24.3	24.0
	7 月	27.5	27.4	28.1	28.1	28.3
	8 月	26.7	26.7	27.6	27.5	27.6
	9 月	24.0	23.6	24.7	24.6	24.4
	10 月	17.7	16.9	18.2	17.9	18.0
	11 月	13.5	12.8	13.8	13.4	13.9
	12 月	7.3	6.8	7.5	7.1	7.7
2011 年	1 月	3.8	3.2	4.1	3.7	4.1
	2 月	8.9	8.5	9.2	8.8	9.2
	3 月	10.9	10.3	11.4	11.0	11.3
	4 月	18.6	18.3	19.3	19.0	19.3

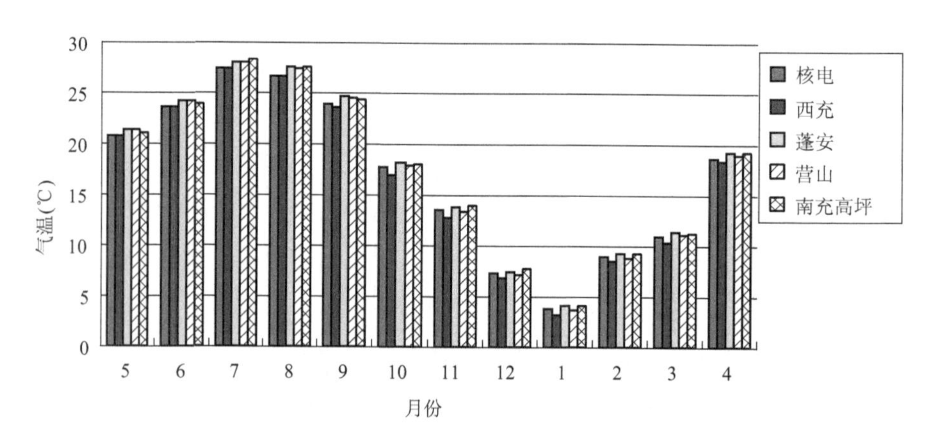

图 4.4.12 2010 年 5 月至 2011 年 4 月各气象站同步逐月气温对比图

表 4.4.4　各气象站同步降雨量对比表(mm)

项目		核电	西充	蓬安	营山	南充高坪
2010 年	5 月	109.0	94.5	110.0	112.4	92.6
	6 月	71.6	68.2	83.9	96.9	100.3
	7 月	251.7	248.4	297.7	320.3	244.3
	8 月	339.4	211.7	358.3	269.7	219.2
	9 月	178.2	146.1	173.5	190.3	206.9
	10 月	59.3	51.4	46.6	56.8	46.1
	11 月	17.5	9.9	13.8	17.8	12.1
	12 月	20.2	24.4	19.7	16.9	23.3
2011 年	1 月	22.9	25.1	16.4	14.1	25.1
	2 月	20.1	21.7	15.3	14.8	23.9
	3 月	42.5	35.3	42.4	42.9	46.9
	4 月	31.7	24.4	33.5	32.6	29.7

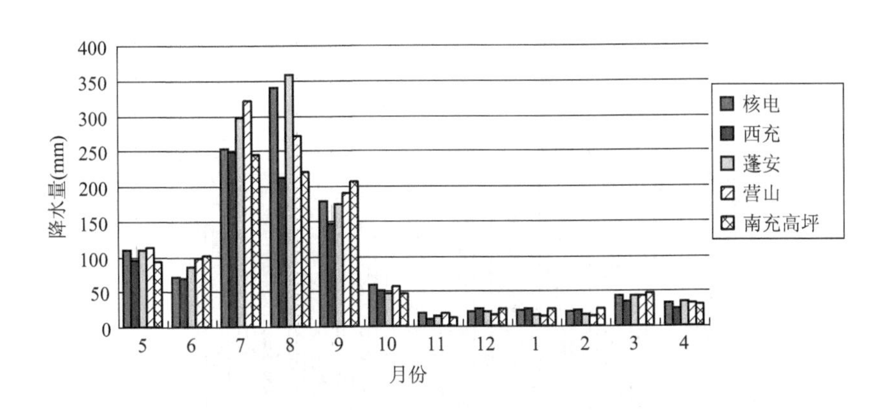

图 4.4.13　2010 年 5 月至 2011 年 4 月逐月降雨量对比图

表 4.4.5　各气象站同步风速对比(m/s)

项目		核电	西充	蓬安	营山	南充高坪
2010 年	5 月	1.4	1.7	1.1	0.9	1.6
	6 月	1.4	1.4	1.0	0.9	1.4
	7 月	1.3	1.5	1.0	1.0	1.6
	8 月	1.5	1.5	1.2	1.0	1.6
	9 月	1.6	1.6	1.0	1.0	1.5
	10 月	1.3	1.4	0.8	0.7	1.3
	11 月	1.2	1.0	0.8	0.6	1.2
	12 月	1.3	1.4	0.7	0.6	1.3
2011 年	1 月	1.4	1.3	0.8	0.7	1.3
	2 月	1.4	1.3	0.8	0.7	1.4
	3 月	1.7	1.4	1.0	0.9	1.4
	4 月	1.5	1.5	1.1	0.8	1.3

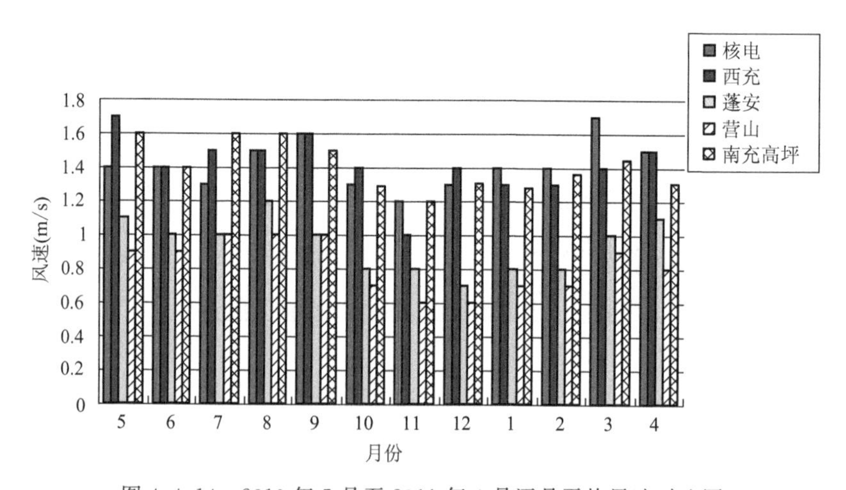

图 4.4.14　2010 年 5 月至 2011 年 4 月逐月平均风速对比图

4.4.1.2 气象参证站选择

厂址东北面约 9 km 为蓬安气象站，厂址与蓬安气象站观测场同处于嘉陵江宽缓河流阶地，两地间为嘉陵江及其宽缓的河流阶地，其间无任何山地或山岭相隔，河流两岸地形低缓，海拔 300～400 m，相对高差 50～100 m，两地地形相似，两地高程相差约 10 m，两地属同一气候区。根据厂址专用气象站与蓬安气象站同步观测资料分析对比，两地各气象要素在时间上有很好的相应性、在数值上有很好的相近性。因此，选择蓬安站作为厂址气象参证站，其气象要素具有较好的相关性和代表性。

蓬安气象站观测场位于蓬安县东南郊汪家梁顶，西距嘉陵江约 1.7 km，南距清溪河约 1.5 km，四周空旷，半径 5.0 km 范围内属浅丘平坝，多为梯地梯田，常年耕植作物。该站于 1959 年建站以来站址保持不变，有 51 年资料。观测项目有气压、气温、湿度、风向、风速、降水、蒸发、日照、地温、积雪、天气现象等。

4.4.2 气压

4.4.2.1 差值分析

根据表 4.4.6 和图 4.4.15 分析，蓬安站与专用站逐月平均气压变化趋势一致，蓬安站比专用站高 1.5～1.7 hPa。

表 4.4.6 2010 年 5 月至 2011 年 4 月专用站与蓬安站平均气压差值表(hPa)

月份	5	6	7	8	9	10	11	12	1	2	3	4
三坝	968.6	967.7	963.8	967.4	971.0	978.7	981.1	980.5	986.1	977.1	981.6	973.6
蓬安	970.2	969.3	965.4	969.0	972.5	980.3	982.7	982.2	987.8	978.7	983.1	975.2
差值	1.6	1.6	1.6	1.6	1.5	1.6	1.6	1.7	1.7	1.6	1.5	1.6

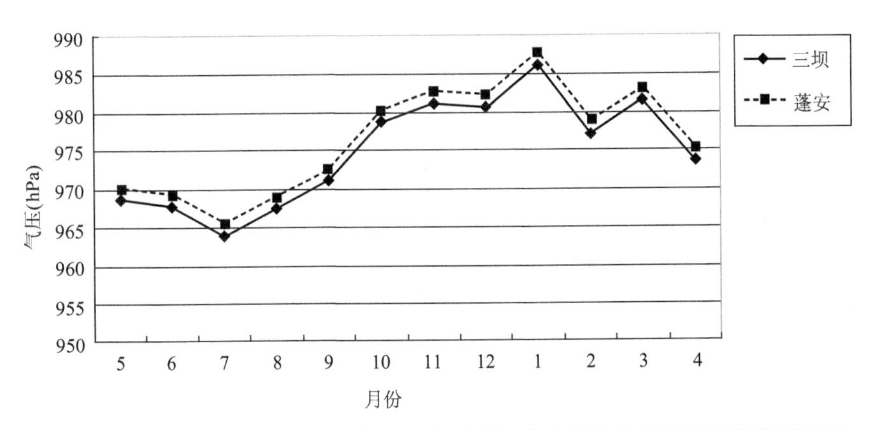

图 4.4.15 2010 年 5 月至 2011 年 4 月专用站与蓬安站各月平均气压变化对比图

4.4.2.2 相关系数分析

专用气象站与蓬安站气压的相关系数见表 4.4.7，2010 年 5 月至 2011 年 4 月专用站与蓬安站各月气压的相关性关系图见图 4.4.16，年相关图见 4.4.17。从图表可见总体相关性很好，最低的是 2010 年 12 月份也达到了 0.9986，其余月份都超过了 0.9998。

表 4.4.7 2010 年 5 月至 2011 年 4 月专用站与蓬安站气压的相关系数（$y=ax+b$）

月	5	6	7	8	9	10	11	12	1	2	3	4	年
a	1.0027	1.0014	1.0024	1.0047	1.0058	1.0005	1.0005	1.0000	0.9981	0.9958	0.9973	0.9991	0.9979
b	−4.1639	−2.9189	−3.9040	−6.1187	−7.2128	−2.0940	−2.0527	−1.6546	0.2228	2.5130	1.0565	−0.6942	0.4783
R	0.9999	1.0000	0.9998	0.9999	0.9998	0.9999	1.0000	0.9986	0.9999	1.0000	1.0000	1.0000	0.9999

注：a 为直线斜率，b 为直线截距，x 为蓬安数据，y 为三坝数据，R 为相关系数。

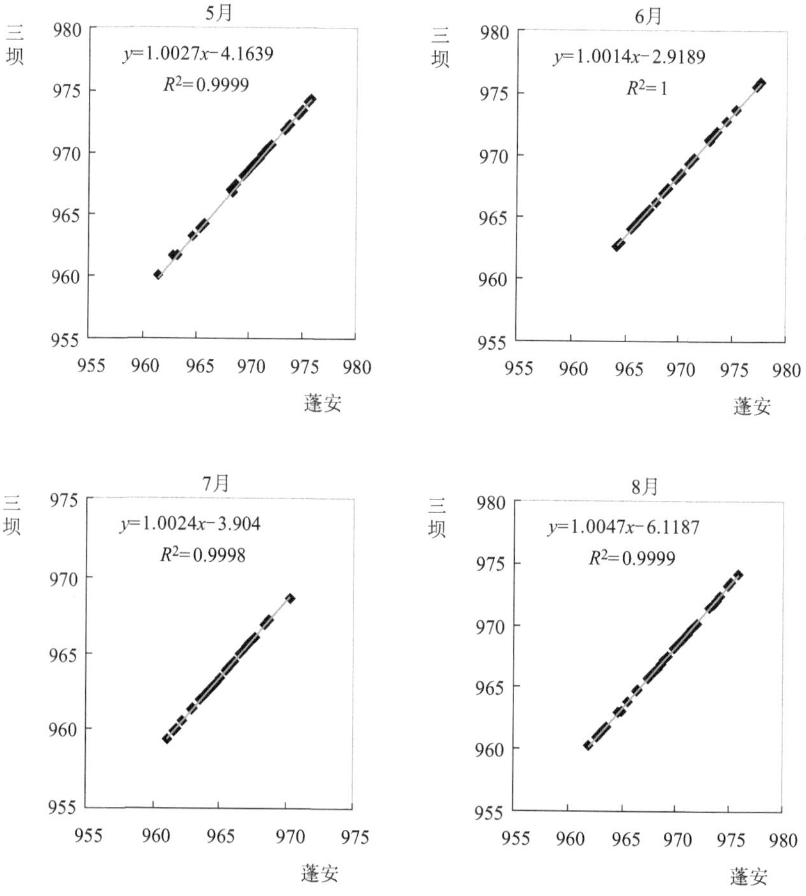

5月
$y=1.0027x-4.1639$
$R^2=0.9999$
三坝
蓬安

6月
$y=1.0014x-2.9189$
$R^2=1$
三坝
蓬安

7月
$y=1.0024x-3.904$
$R^2=0.9998$
三坝
蓬安

8月
$y=1.0047x-6.1187$
$R^2=0.9999$
三坝
蓬安

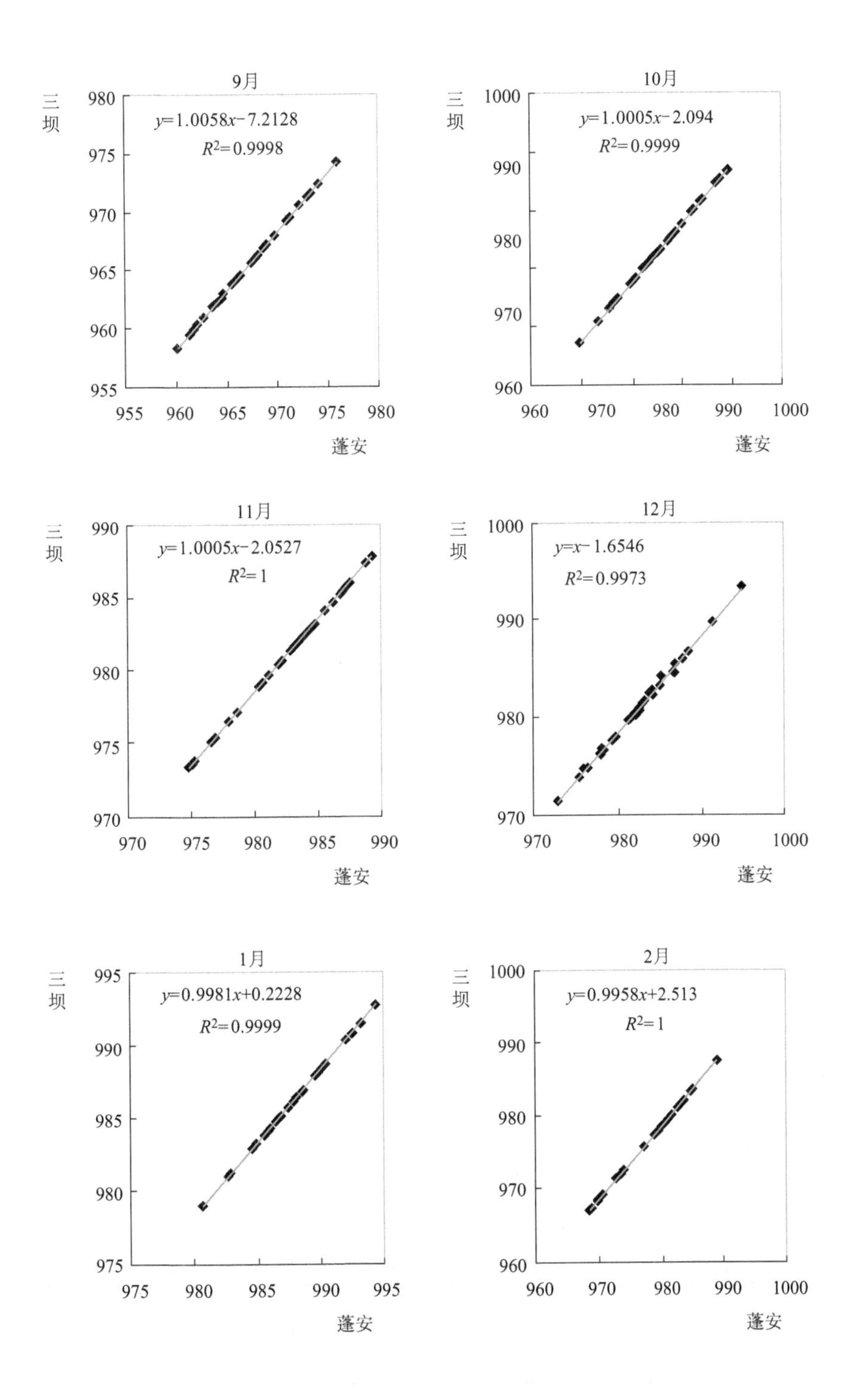
9月
三坝
$y=1.0058x-7.2128$
$R^2=0.9998$
980
975
970
965
960
955
955 960 965 970 975 980
蓬安
10月
三坝
$y=1.0005x-2.094$
$R^2=0.9999$
1000
990
980
970
960
960 970 980 990 1000
蓬安
11月
三坝
$y=1.0005x-2.0527$
$R^2=1$
990
985
980
975
970
970 975 980 985 990
蓬安
12月
三坝
$y=x-1.6546$
$R^2=0.9973$
1000
990
980
970
970 980 990 1000
蓬安
1月
三坝
$y=0.9981x+0.2228$
$R^2=0.9999$
995
990
985
980
975
975 980 985 990 995
蓬安
2月
三坝
$y=0.9958x+2.513$
$R^2=1$
1000
990
980
970
960
960 970 980 990 1000
蓬安

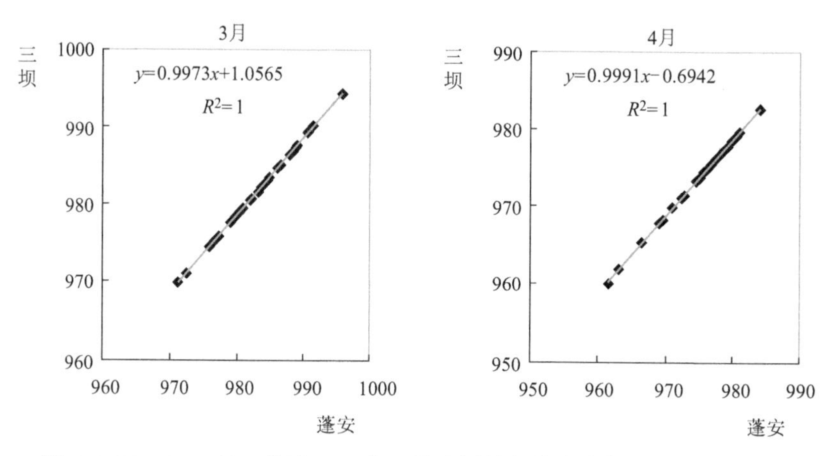

图 4.4.16　2010 年 5 月至 2011 年 4 月专用站与蓬安站各月气压相关性图

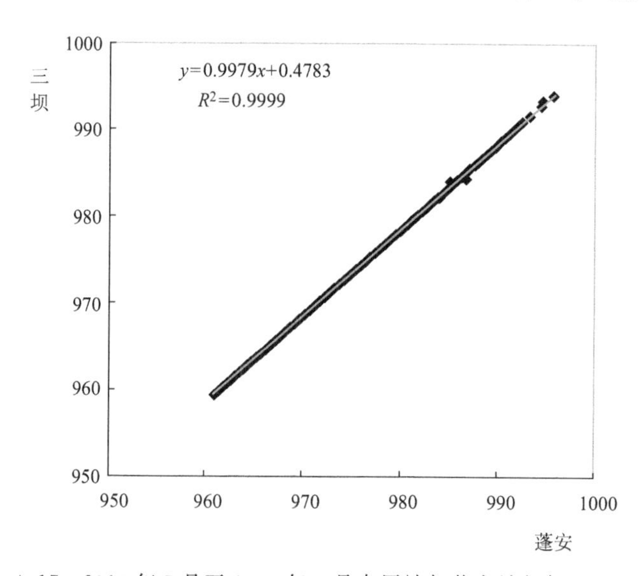

图 4.4.17　2010 年 5 月至 2011 年 4 月专用站与蓬安站年气压相关性图

4.4.3　气温

4.4.3.1　差值分析

根据表 4.4.8 和图 4.4.18 分析，蓬安站与专用站逐月平均气温变化趋势一致，蓬安站比专用站高 0.2～0.9 ℃。

表 4.4.8　2010 年 5 月至 2011 年 4 月专用站与蓬安站平均气温差值表(℃)

月份	5	6	7	8	9	10	11	12	1	2	3	4
三坝	20.8	23.7	27.5	26.7	24.0	17.7	13.5	7.3	3.8	8.9	10.9	18.6

续表

月份	5	6	7	8	9	10	11	12	1	2	3	4
蓬安	21.3	24.3	28.1	27.6	24.7	18.2	13.8	7.5	4.1	9.2	11.4	19.3
差值	0.5	0.6	0.6	0.9	0.7	0.5	0.3	0.2	0.3	0.3	0.5	0.7

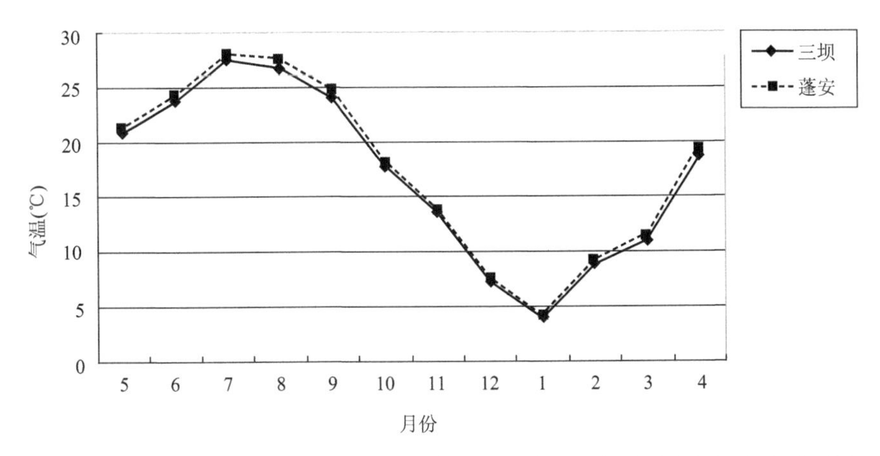

图 4.4.18　2010 年 5 月至 2011 年 4 月专用站与蓬安站各月平均气温变化对比图

4.4.3.2　相关系数分析

专用站与蓬安站气温的相关系数见表 4.4.9,2010 年 5 月至 2011 年 4 月三坝厂址与蓬安站各月气温的相关性图见图 4.4.19,年气温相关性图见 4.4.20。从图表可见总体相关性很好,最低的是 2011 年 1 月份也达到了 0.9819,其余月份都超过了 0.99。

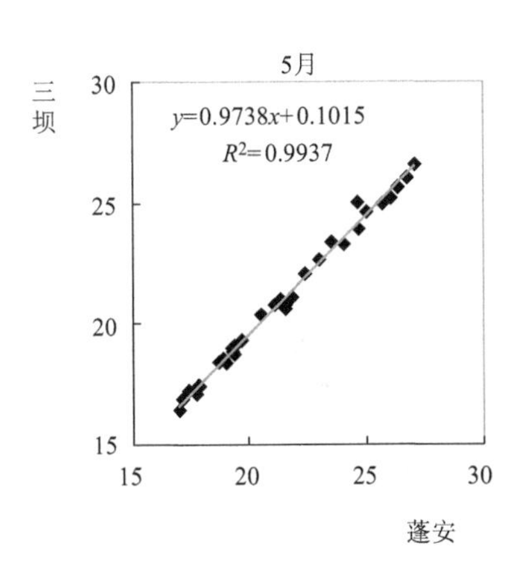

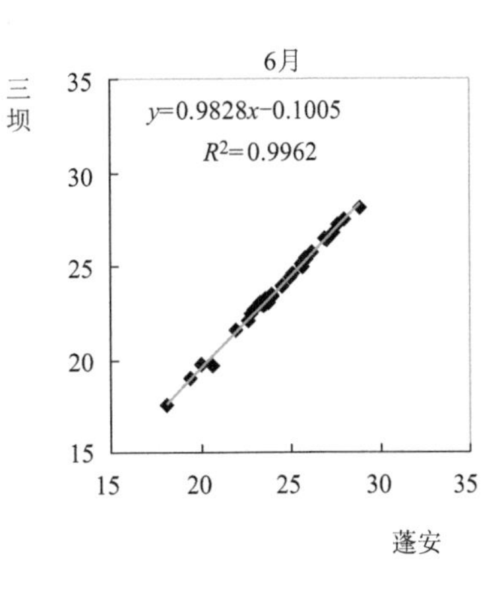

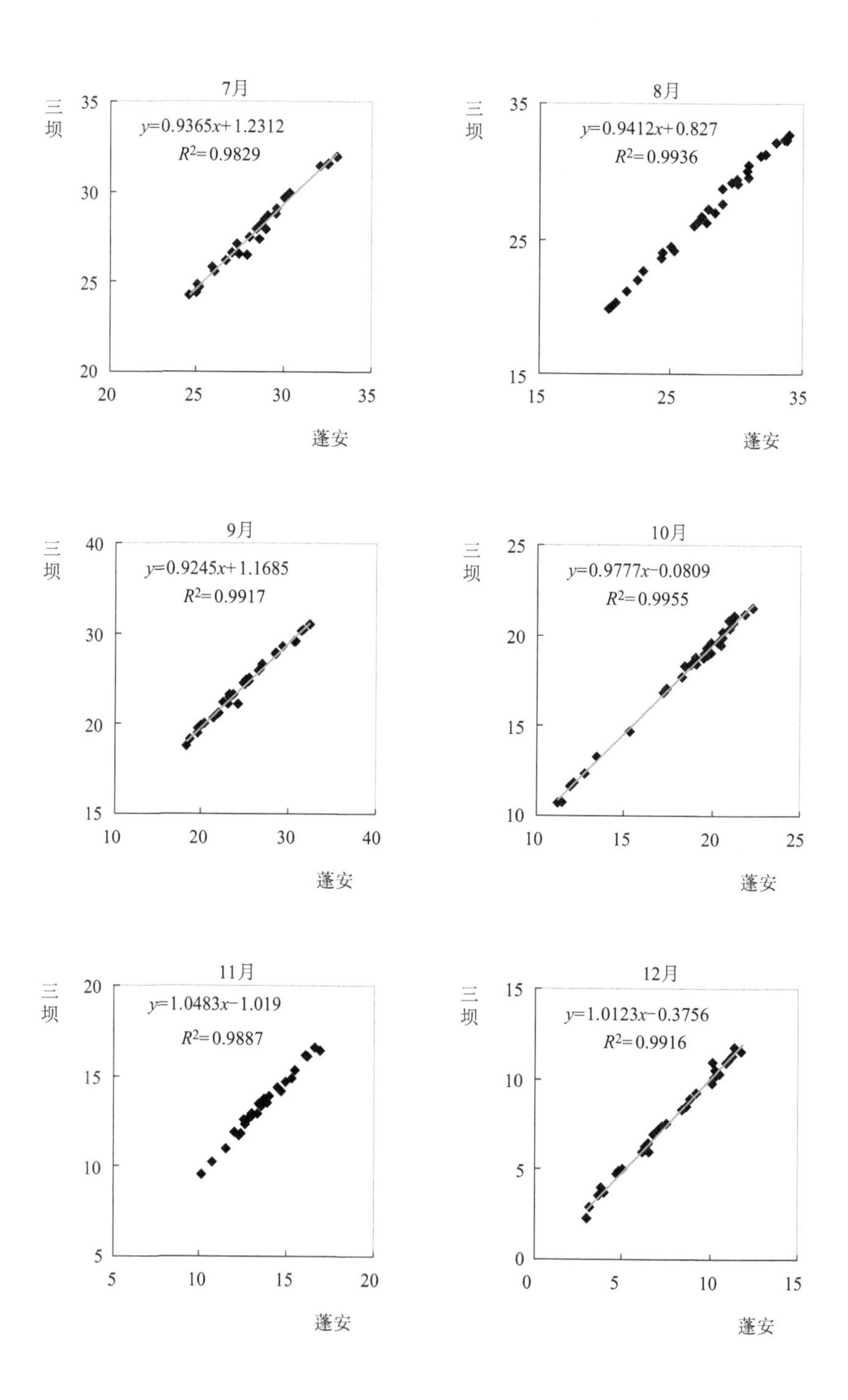
7月
三坝
蓬安
y=0.9365x+1.2312
R2=0.9829
8月
y=0.9412x+0.827
R2=0.9936
9月
y=0.9245x+1.1685
R2=0.9917
10月
y=0.9777x-0.0809
R2=0.9955
11月
y=1.0483x-1.019
R2=0.9887
12月
y=1.0123x-0.3756
R2=0.9916

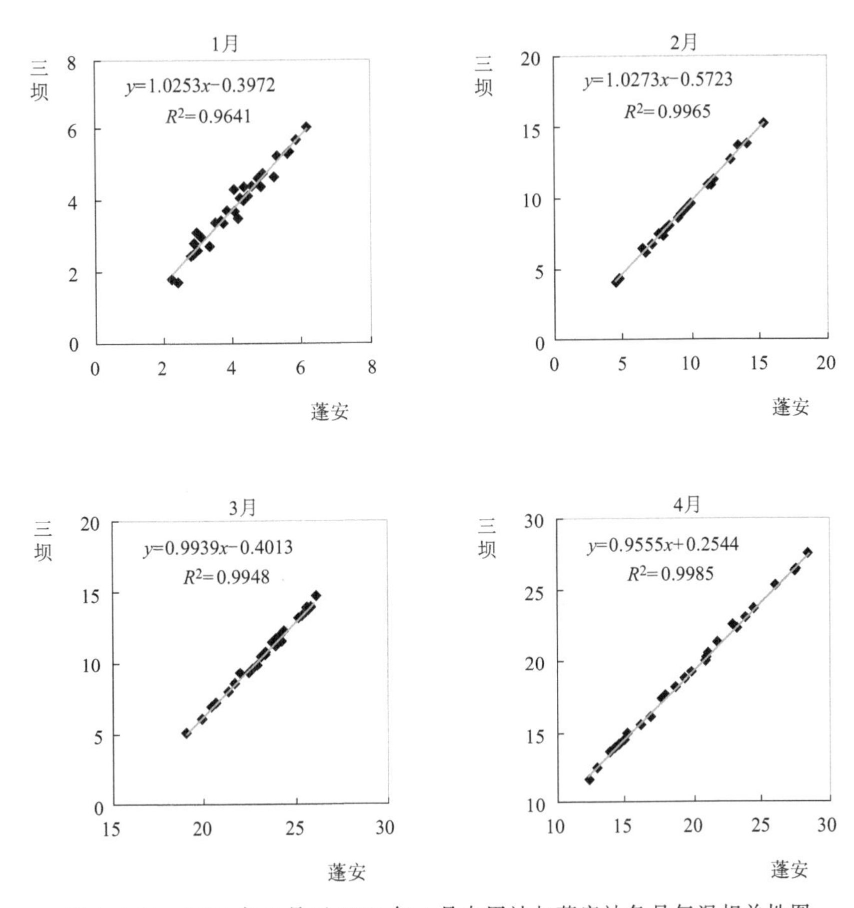

图 4.4.19　2010 年 5 月至 2011 年 4 月专用站与蓬安站各月气温相关性图

表 4.4.9　2010 年 5 月至 2011 年 4 月专用站与蓬安站气温的相关系数($y=ax+b$)

月	5	6	7	8	9	10	11	12	1	2	3	4	年
a	0.9738	0.9828	0.9365	0.9412	0.9245	0.9777	1.0483	1.0123	1.0253	1.0273	0.9939	0.9555	0.9808
b	0.1015	−0.1005	1.2312	0.8270	1.1685	−0.0809	−1.0190	−0.3756	−0.3972	−0.5723	−0.4013	0.2544	−0.1519
R	0.9968	0.9980	0.9914	0.9967	0.9958	0.9977	0.9943	0.9957	0.9818	0.9982	0.9973	0.9992	0.9994

4.4.4　相对湿度

4.4.4.1　差值分析

根据表 4.4.10 和图 4.4.21 分析，蓬安站与专用站逐月平均相对湿度变化趋势基本一致，蓬安站与专用站差值为 0%～7%。

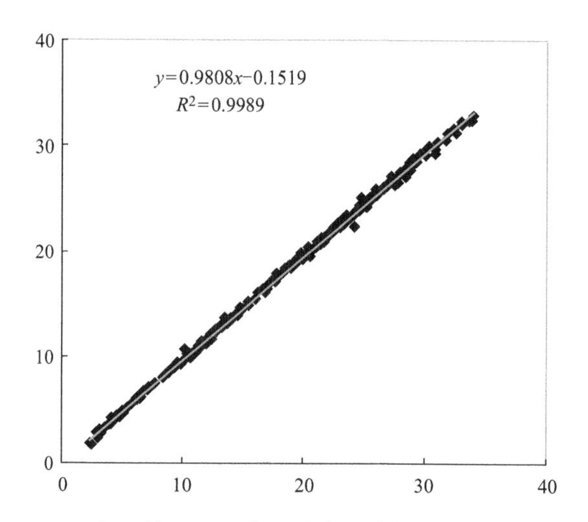

图 4.4.20 2010 年 5 月至 2011 年 4 月专用站与蓬安站全年气温相关性图

表 4.4.10 2010 年 5 月至 2011 年 4 月专用站与蓬安站平均相对湿度差值表(%)

月份	5	6	7	8	9	10	11	12	1	2	3	4
三坝	80	82	83	80	81	83	83	83	81	78	70	73
蓬安	74	76	79	73	77	83	85	83	79	78	69	72
差值	−6	−6	−4	−7	−4	0	2	0	−2	0	−1	−1

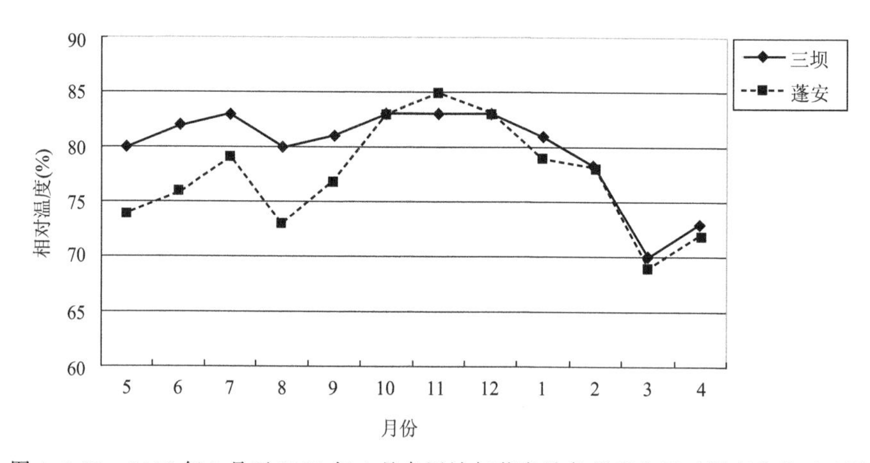

图 4.4.21 2010 年 5 月至 2011 年 4 月专用站与蓬安站各月平均相对湿度变化对比图

4.4.4.2 相关系数分析

专用气象站与蓬安站相对湿度的相关系数见表 4.4.11,2010 年 5 月至 2011 年 4

月专用气象站与蓬安站各月相对湿度的相关性见图 4.4.22，年相对湿度的相关性见图 4.4.23。从图表可见其总体相关性较好，最低的是 2010 年 10 月份也达到了 0.9409。

表 4.4.11　2010 年 5 月至 2011 年 4 月专用站与蓬安站相对湿度的相关系数（$y=ax+b$）

月	5	6	7	8	9	10	11	12	1	2	3	4	年
a	0.9838	0.8773	0.8212	0.7838	0.7651	0.8469	0.966	0.8606	0.8117	0.9248	0.8728	0.8428	0.8386
b	7.3805	15.4060	17.5220	21.6760	21.8190	13.2450	2.3994	11.8170	16.9360	6.2816	10.5610	11.8250	15.0070
R	0.9707	0.9687	0.9573	0.9904	0.9856	0.9409	0.9644	0.9531	0.9536	0.9644	0.9848	0.9936	0.9936

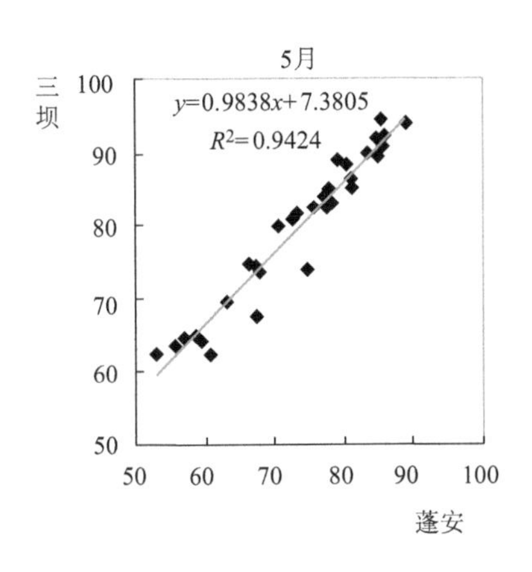

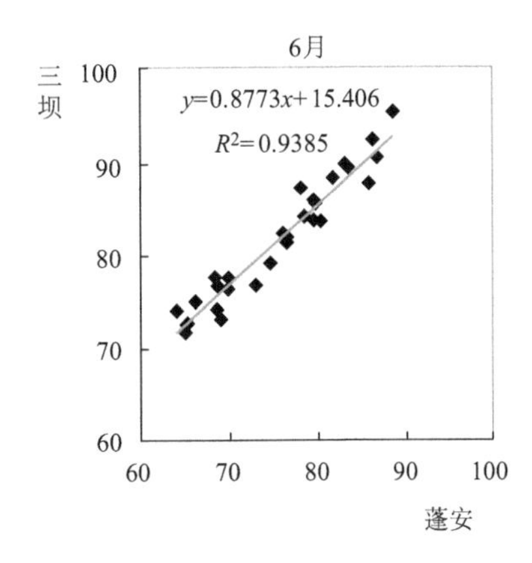

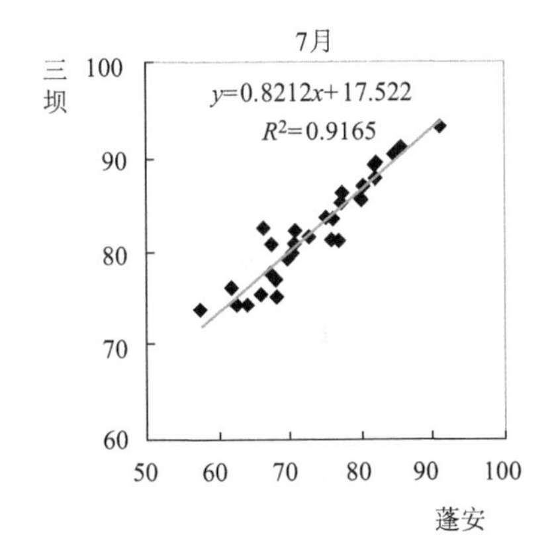

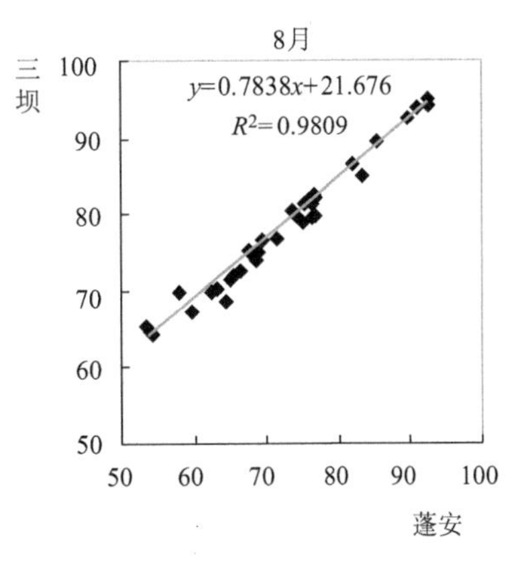

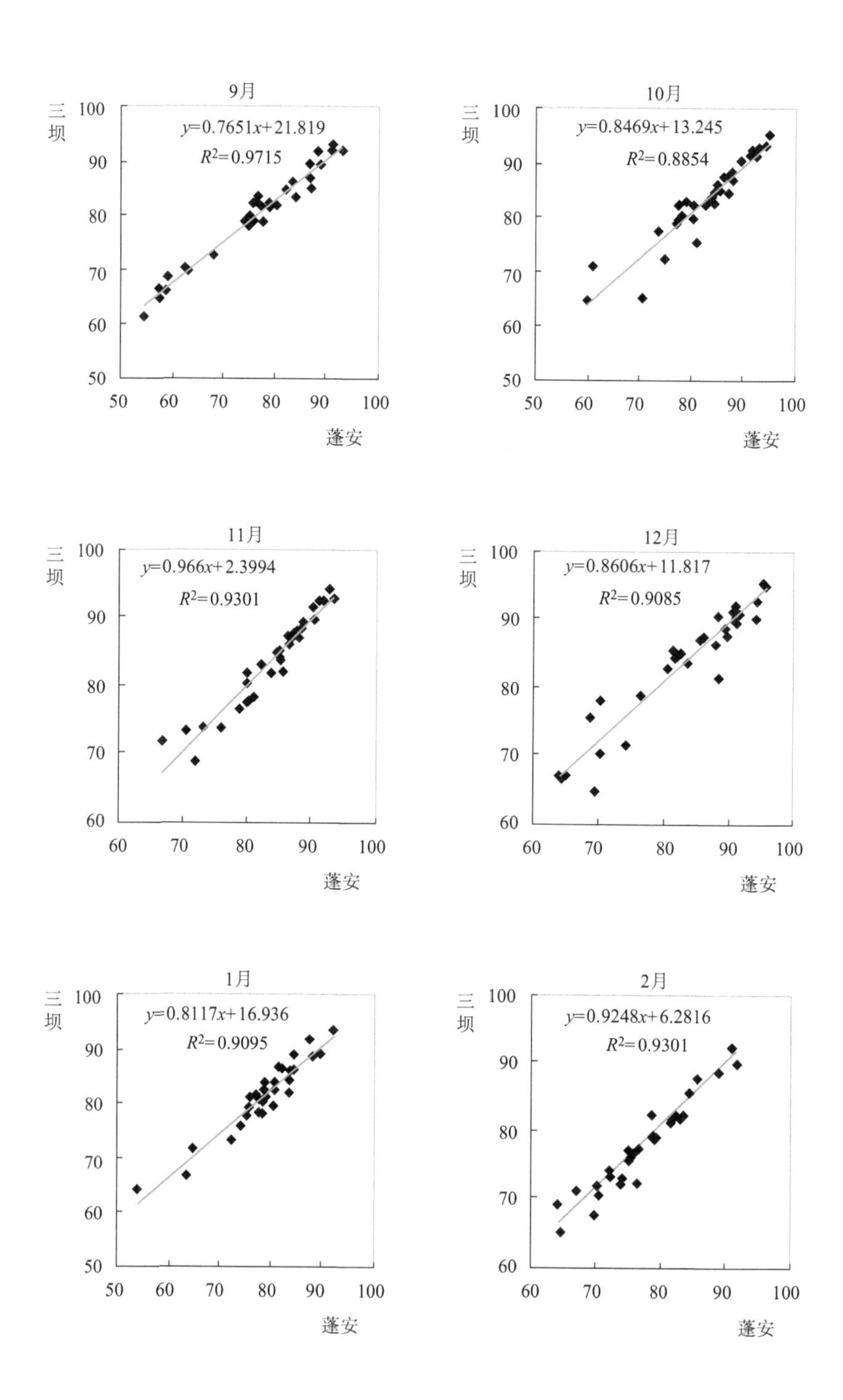
9月
三坝
y=0.7651x+21.819
R^2=0.9715
蓬安
10月
三坝
y=0.8469x+13.245
R^2=0.8854
蓬安
11月
三坝
y=0.966x+2.3994
R^2=0.9301
蓬安
12月
三坝
y=0.8606x+11.817
R^2=0.9085
蓬安
1月
三坝
y=0.8117x+16.936
R^2=0.9095
蓬安
2月
三坝
y=0.9248x+6.2816
R^2=0.9301
蓬安

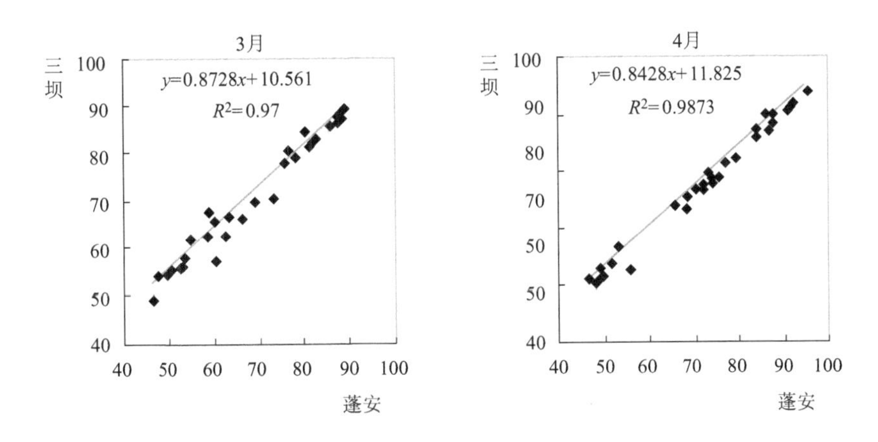

图4.4.22 2010年5月至2011年4月专用站与蓬安站各月相对湿度相关性图

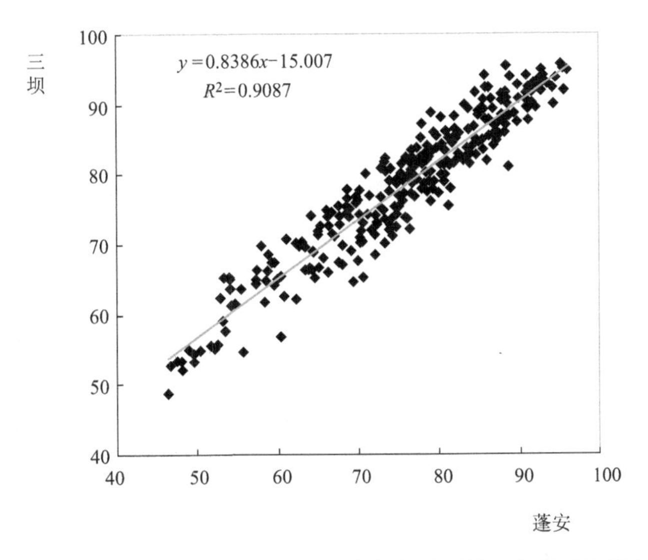

图4.4.23 2010年5月至2011年4月专用站与蓬安站全年相对湿度相关性图

4.4.5 风速

4.4.5.1 2 min平均风速

(1)差值分析

根据表4.4.12和图4.4.24分析,蓬安站与专用站逐月2 min平均风速变化趋势一致,蓬安站比专用站小0.3～0.7 m/s。

表 4.4.12 2010 年 5 月至 2011 年 4 月专用站与蓬安站 2 min 平均风速表(m/s)

月份	5	6	7	8	9	10	11	12	1	2	3	4
三坝	1.4	1.4	1.3	1.5	1.6	1.3	1.2	1.3	1.4	1.4	1.7	1.5
蓬安	1.1	1.0	1.0	1.2	1.0	0.8	0.8	0.7	0.8	0.8	1.0	1.1
差值	−0.3	−0.4	−0.3	−0.3	−0.6	−0.5	−0.4	−0.6	−0.6	−0.6	−0.7	−0.4

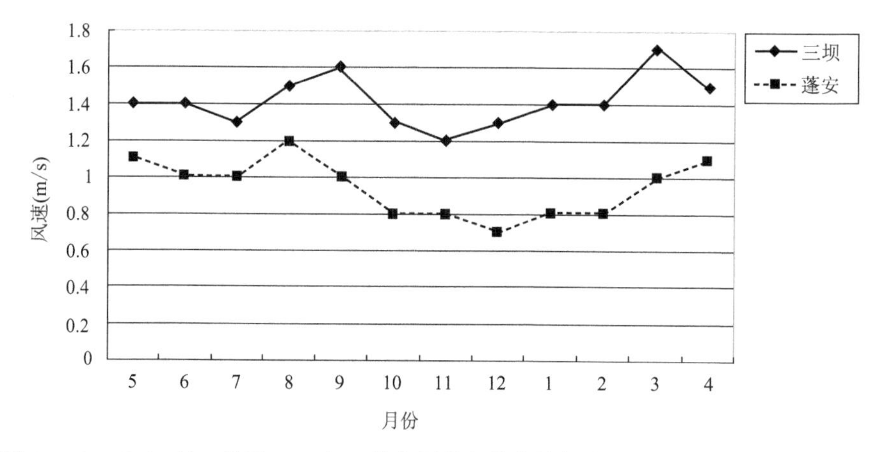

图 4.4.24 2010 年 5 月至 2011 年 4 月专用站与蓬安站各月 2 min 平均风速变化对比图

(2)相关分析

专用站与蓬安站地面 2 min 平均风速的相关系数见表 4.4.13。2 min 平均风速的相关系数最高的是 2010 年 9 月的 0.9622,最低的是 2010 年 6 月的 0.71。年相关性较好;观测期内多数月份 2 min 平均风速相关性较好,但 2010 年 6 月、7 月和 2011 年 4 月的相关性较差,究其原因是由于专用站与蓬安站的周围地形有差异。专用站与蓬安站各月 2 min 平均风速相关性图见图 4.4.25,年 2 min 平均风速相关性图见图 4.4.26。

表 4.4.13 2010 年 5 月至 2011 年 4 月专用站与蓬安站 2 min 平均风速的相关系数($y=ax+b$)

月	5	6	7	8	9	10	11	12	1	2	3	4	年
a	1.4238	1.5120	0.8594	0.9903	1.4575	1.3393	1.2090	1.3620	1.5931	1.4492	1.5073	1.1191	1.2589
b	−0.1084	−0.1562	0.3756	0.3498	0.0802	0.1955	0.3296	0.3220	0.0687	0.1619	0.1240	0.3965	0.2245
R	0.9185	0.7100	0.7385	0.9183	0.9622	0.9236	0.8687	0.9617	0.9283	0.9236	0.9506	0.7816	0.8847

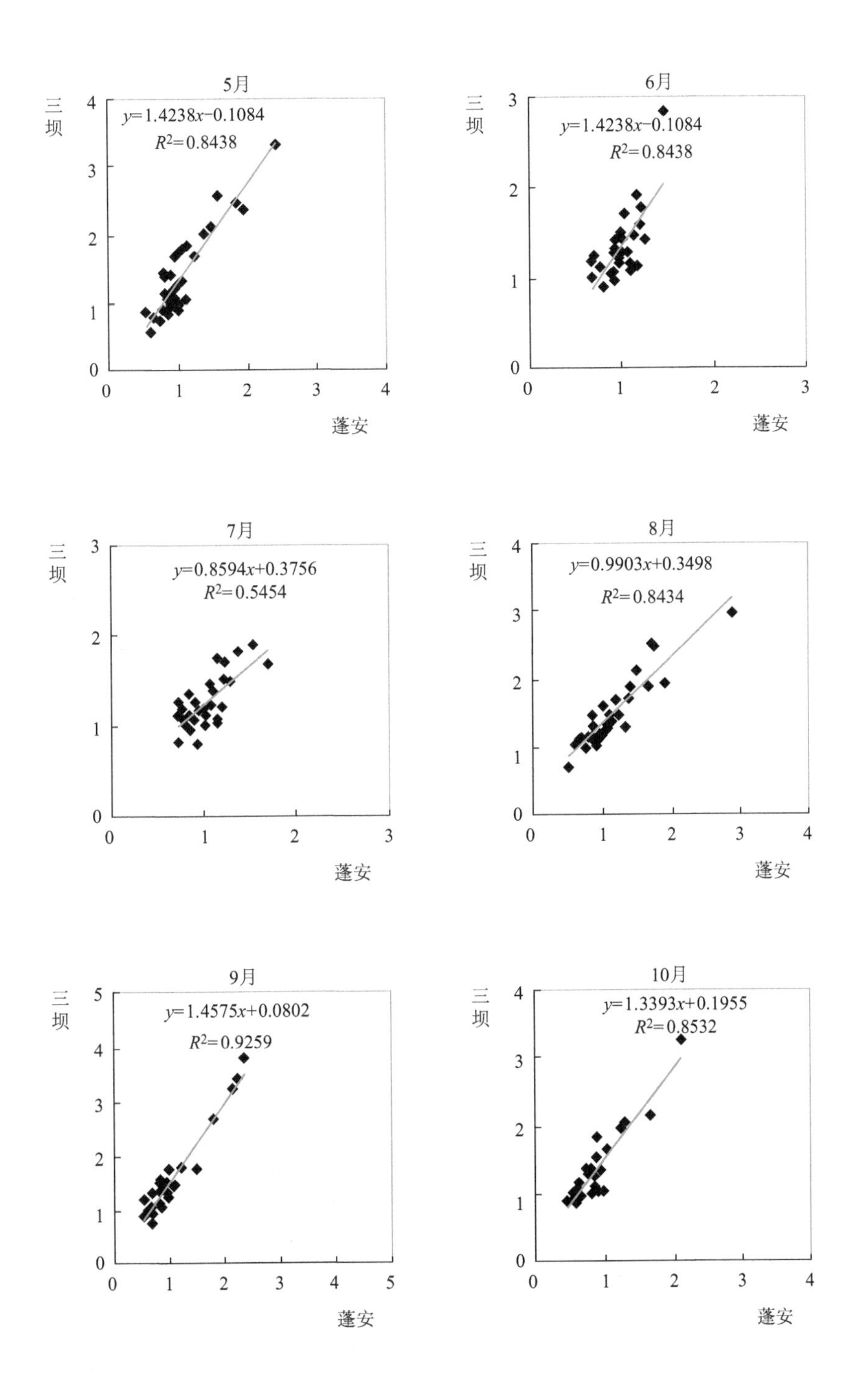
5月
三坝
蓬安
y=1.4238x-0.1084
R2=0.8438
6月
三坝
蓬安
y=1.4238x-0.1084
R2=0.8438
7月
三坝
蓬安
y=0.8594x+0.3756
R2=0.5454
8月
三坝
蓬安
y=0.9903x+0.3498
R2=0.8434
9月
三坝
蓬安
y=1.4575x+0.0802
R2=0.9259
10月
三坝
蓬安
y=1.3393x+0.1955
R2=0.8532

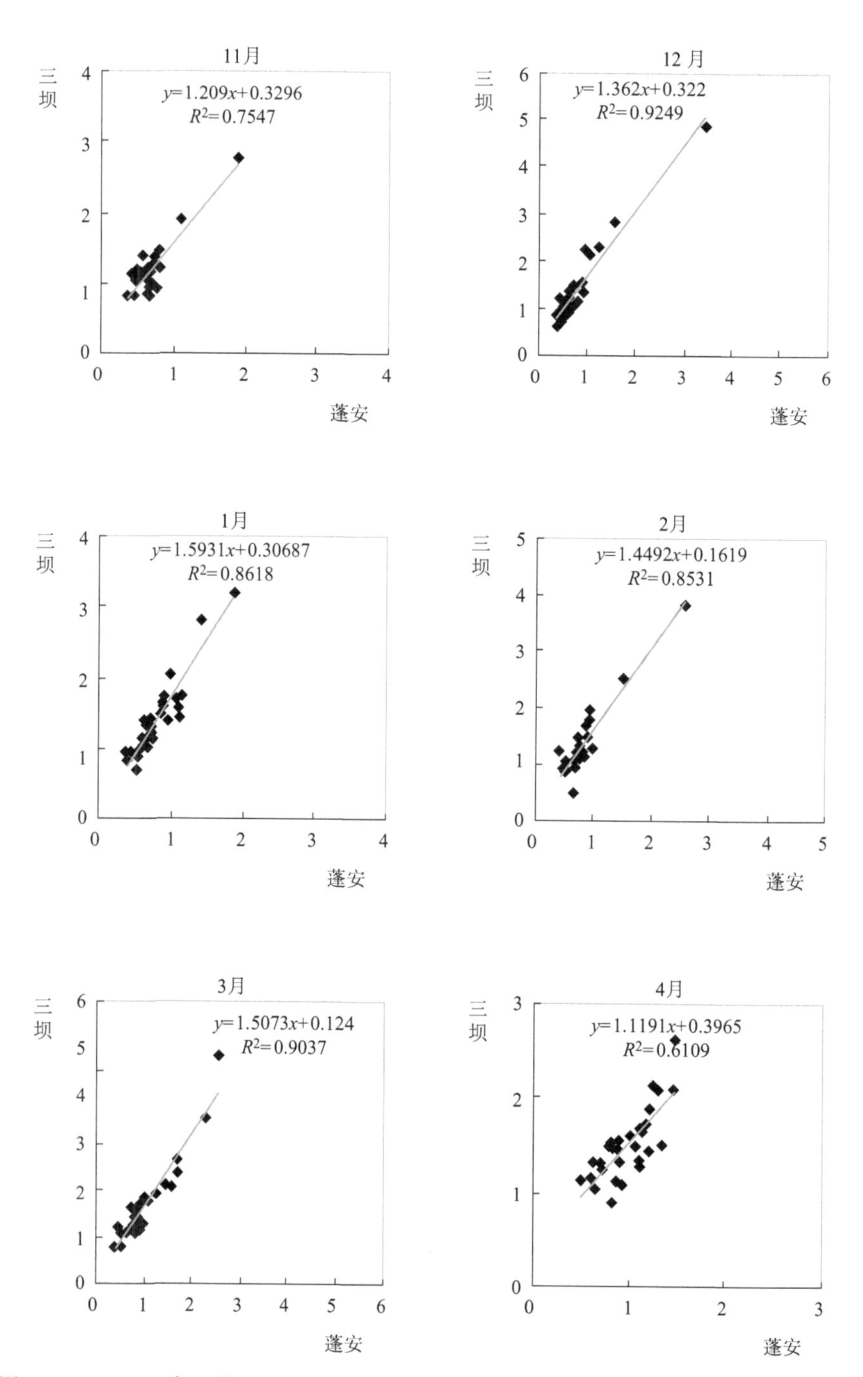

图 4.4.25　2010 年 5 月至 2011 年 4 月专用站与蓬安站各月 2 min 平均风速相关性图

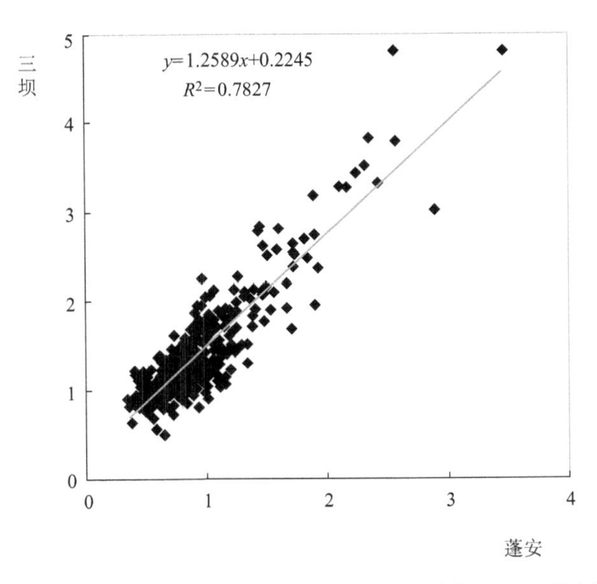

图 4.4.26　2010 年 5 月至 2011 年 4 月专用站与蓬安站全年 2 min 平均风速相关性图

4.4.5.2　10 min 平均风速

(1)差值分析

根据表 4.4.14 和图 4.4.27 分析，蓬安站与专用站逐月 10 min 平均风速变化趋势一致，蓬安站比专用站小 0.3～0.7 m/s。

表 4.4.14　2010 年 5 月至 2011 年 4 月专用站与蓬安站 10 min 平均风速差值表(m/s)

月份	5	6	7	8	9	10	11	12	1	2	3	4
三坝	1.4	1.4	1.3	1.5	1.6	1.3	1.2	1.3	1.4	1.4	1.7	1.5
蓬安	1.1	1.0	1.0	1.1	1.0	0.8	0.7	0.7	0.8	0.8	1.0	1.0
差值	−0.3	−0.4	−0.3	−0.4	−0.6	−0.5	−0.5	−0.6	−0.6	−0.6	−0.7	−0.5

(2)相关分析

专用站与蓬安站 10 min 平均风速的相关系数见表 4.4.15。10 min 平均风速的相关系数最高的是 2011 年 3 月的 0.9672，最低的是 2010 年 6 月的 0.7956。年相关性较好；观测期内多数月份 10 min 平均风速相关性较好，除 2010 年 6 月外，其余月份相关系数均大于 0.8。专用站与蓬安站各月 10 min 平均风速相关性见图 4.4.28，年 10 min 平均风速相关性见图 4.4.29。

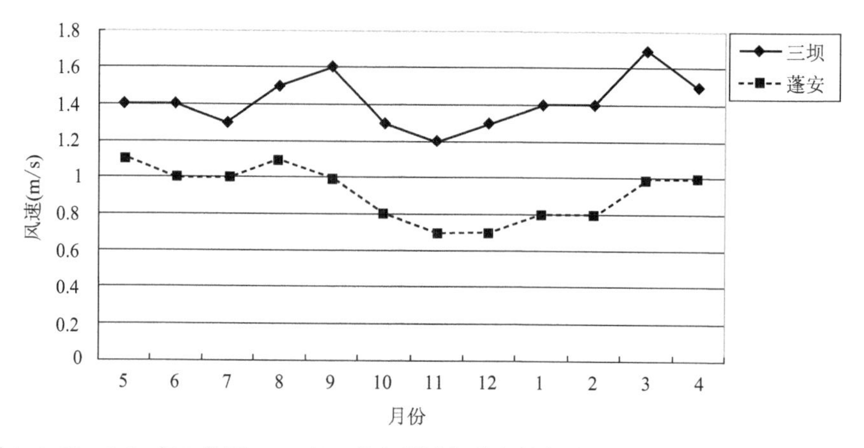

图 4.4.27　2010 年 5 月至 2011 年 4 月专用站与蓬安站各月 10 min 平均风速变化对比图

表 4.4.15　2010 年 5 月至 2011 年 4 月专用站与蓬安站 10 min 平均风速的相关系数($y=ax+b$)

月	5	6	7	8	9	10	11	12	1	2	3	4	年
a	1.4390	1.6747	0.9809	1.0487	1.4740	1.4402	1.1427	1.4280	1.5699	1.4617	1.5530	1.1739	1.2923
b	−0.1297	−0.3073	0.2557	0.3054	0.0979	0.1315	0.3889	0.2882	0.1208	0.1874	0.0687	0.3461	0.2087
R	0.9315	0.7956	0.8324	0.9235	0.9637	0.9264	0.8476	0.9624	0.9400	0.9263	0.9672	0.8130	0.8933

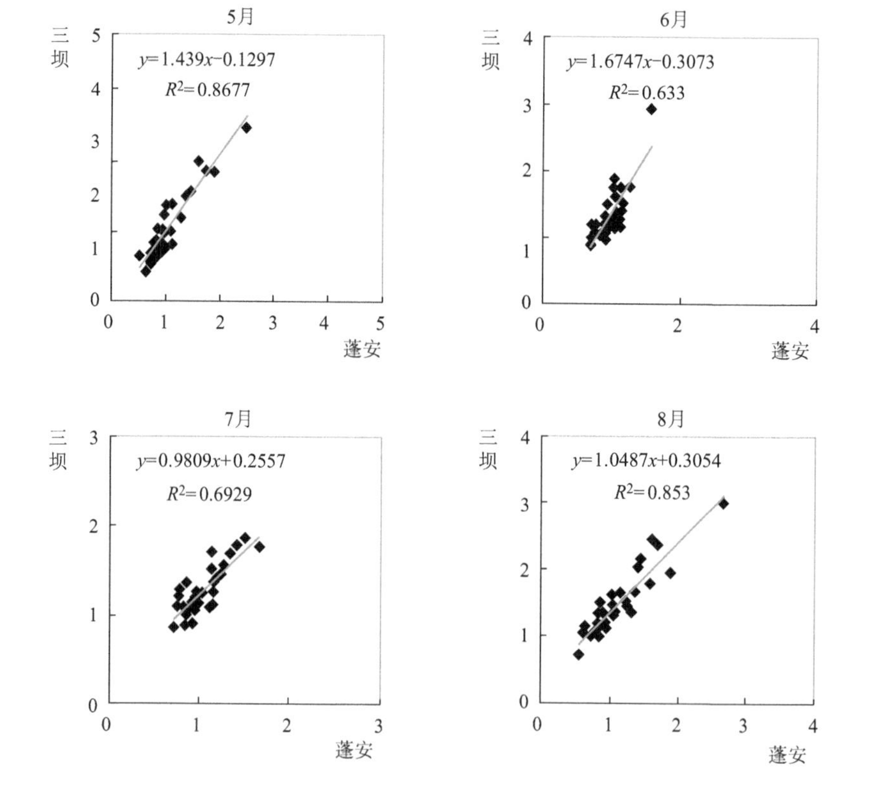

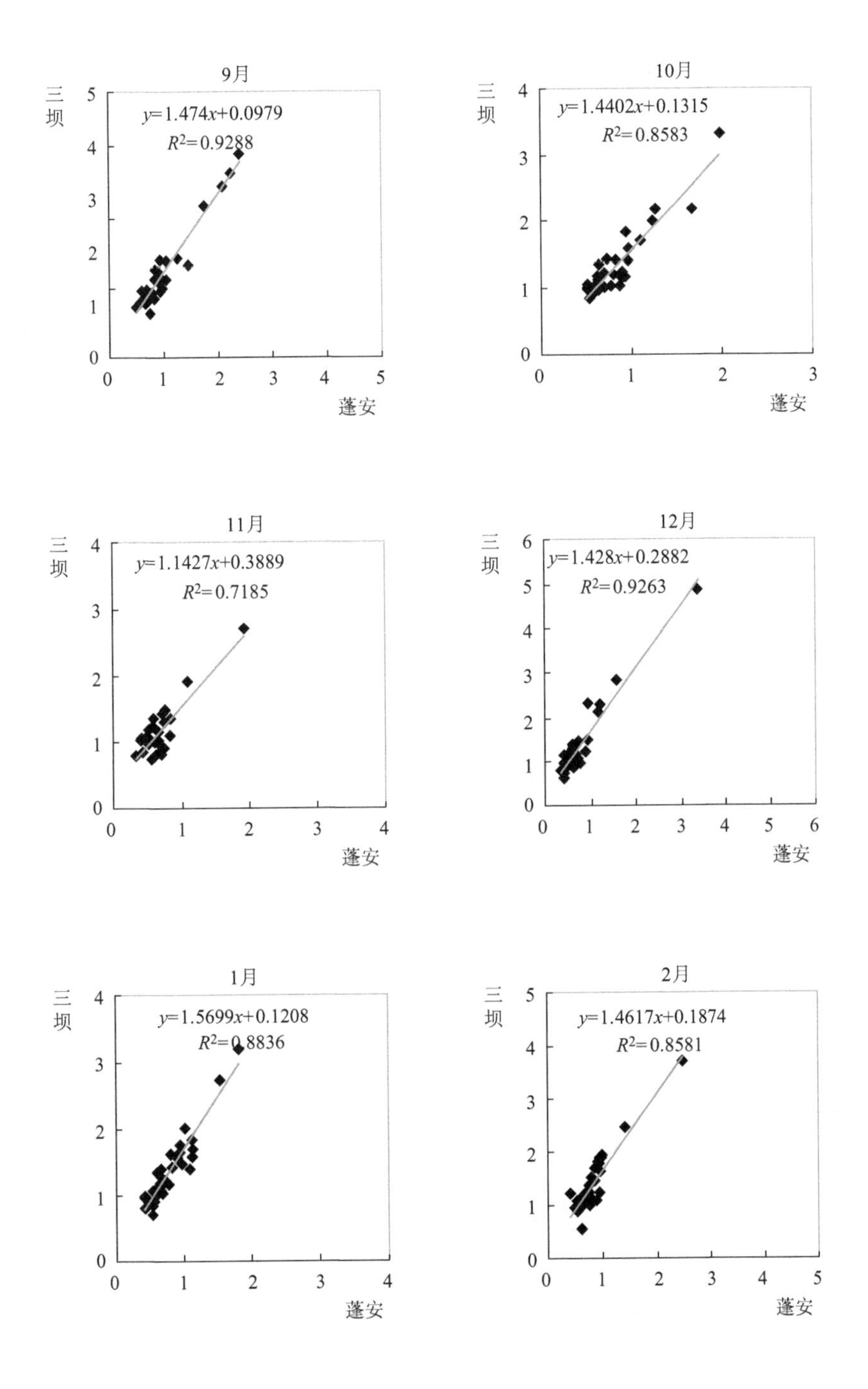
9月
三坝
y=1.474x+0.0979
R^2=0.9288
蓬安
10月
三坝
y=1.4402x+0.1315
R^2=0.8583
蓬安
11月
三坝
y=1.1427x+0.3889
R^2=0.7185
蓬安
12月
三坝
y=1.428x+0.2882
R^2=0.9263
蓬安
1月
三坝
y=1.5699x+0.1208
R^2=0.8836
蓬安
2月
三坝
y=1.4617x+0.1874
R^2=0.8581
蓬安

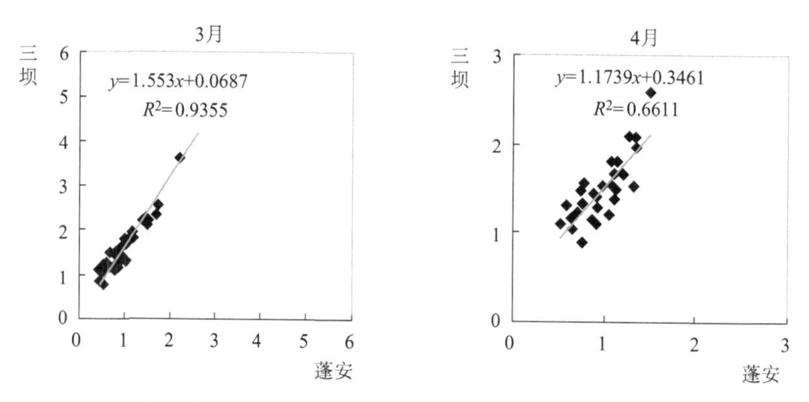

图 4.4.28　2010 年 5 月至 2011 年 4 月专用站与蓬安站各月 10 min 平均风速相关性图

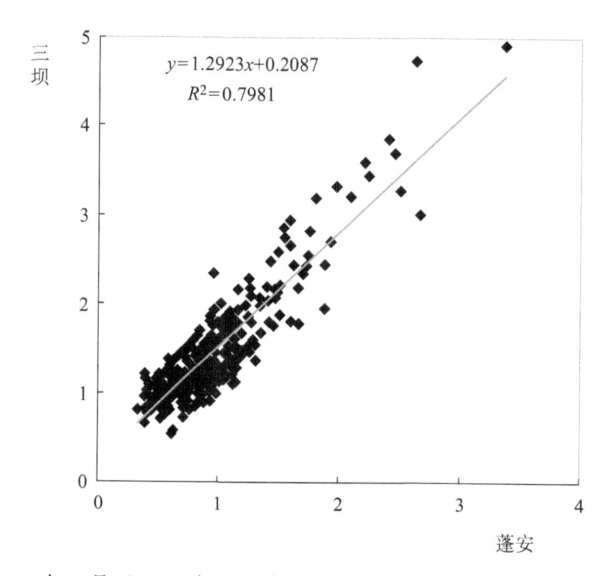

图 4.4.29　2010 年 5 月至 2011 年 4 月专用站与蓬安站全年 10 min 平均风速相关性图

4.4.5.3　极大风速

(1)差值分析

根据表 4.4.16 和图 4.4.30 分析，蓬安站与专用站逐月极大风速变化趋势基本一致，蓬安站与专用站差值为 0.1～10.5 m/s。

表 4.4.16　专用站与蓬安站极大风速差值表(m/s)

月份	5	6	7	8	9	10	11	12	1	2	3	4
三坝	12.2	10.8	9.1	24	11.6	8.2	9.6	11.6	7.7	9.2	13.1	8.1
蓬安	10.3	10.7	14.6	13.5	11.0	7.7	8.8	9.8	5.9	8.6	11.6	9.0
差值	−1.9	−0.1	5.5	−10.5	−0.6	−0.5	−0.8	−1.8	−1.8	−0.6	−1.5	0.9

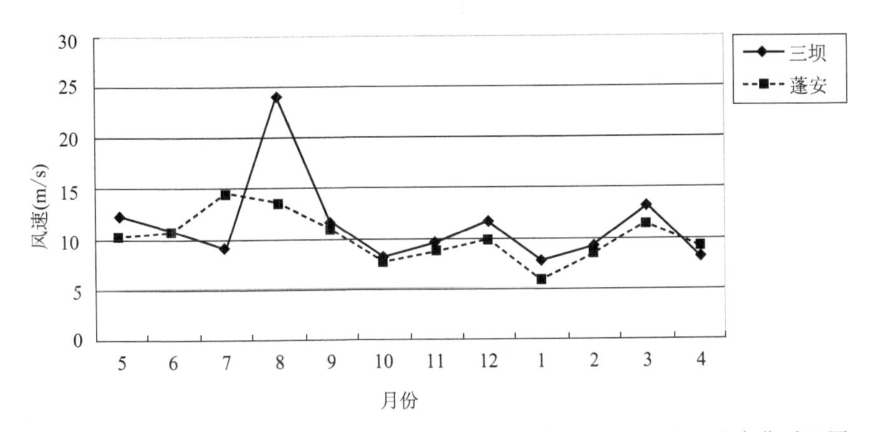

图 4.4.30　2010 年 5 月至 2011 年 4 月专用站与蓬安站各月极大风速变化对比图

三坝站址测定风速的仪器型号、精度、灵敏度与蓬安站相同。三坝站址地处嘉陵江河坝中心侧，地势比周围相对凸出，当气流顺嘉陵江河谷而下时，即产生风速。而蓬安站址地处丘陵，站址周围均是县城城区，近地层气流可致静风或风速很小，如三坝乡 2010 年 8 月 1 日出现多年不遇的大风天气，极大风速达 24.0 m/s，部分房屋、树木受损严重，蓬安站 2010 年 8 月 1 日出现的极大风速仅为 13.5 m/s。

(2)相关性分析

2010 年 5 月至 2011 年 4 月专用站与蓬安站各月极大风速的相关图见图 4.4.31，相关性不好，相关系数仅为 0.5816。

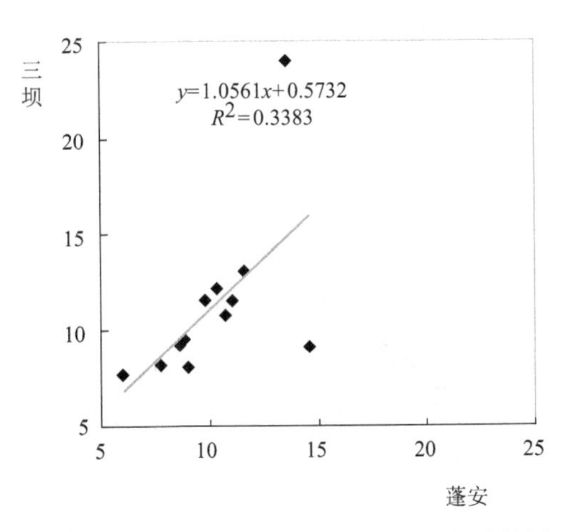

图 4.4.31　专用站与蓬安站极大风速相关性图

4.4.5.4 专用站极大风速与 10 min 平均风速相关性分析

2010 年 5 月至 2011 年 4 月专用站全年极大风速与 10 min 风速的年相关性见图 4.4.32，相关性不太好，相关系数仅为 0.7466。

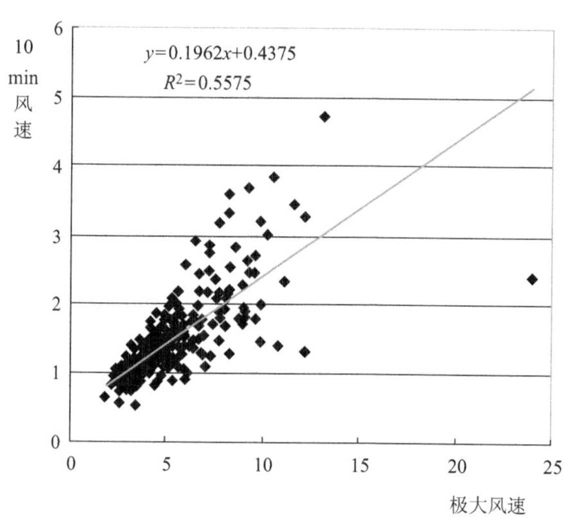

图 4.4.32 2010 年 5 月至 2011 年 4 月专用站全年极大风速与 10 min 风速相关图

4.4.5.5 专用站 2 min 平均风速与 10 min 平均风速相关性分析

2010 年 5 月至 2011 年 4 月专用站全年 2 min 平均风速与 10 min 平均风速的年相关性见图 4.4.33，相关性很好，相关系数为 0.9969。

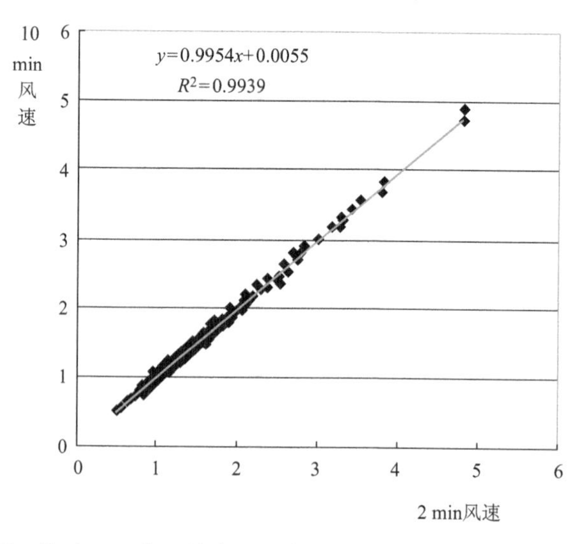

图 4.4.33 2010 年 5 月至 2011 年 4 月专用站全年 2 min 平均风速与 10 min 平均风速相关图

4.4.6 风向

(1)风向玫瑰图

2010年5月至2011年4月专用站2 min四季风向频率数据见表4.4.17,专用站与蓬安站主导风向见表4.4.18,专用站风向玫瑰图见图4.4.34,蓬安站风向玫瑰图见图4.4.35,专用站逐月风向玫瑰图见图4.4.36,蓬安站逐月风向玫瑰图见图4.4.37。

表4.4.17 2010年5月至2011年4月专用站与蓬安站各季、全年各风向频率(%)

时间 \ 风向		N	NNE	NE	ENE	E	ESE	SE	SSE	S	SSW	SW	WSW	W	WNW	NW	NNW	C
春季	蓬安	8	8	9	7	5	6	4	2	1	4	4	2	2	5	8	8	18
	三坝	7	10	14	10	6	6	2	4	2	4	5	3	3	4	7	4	10
夏季	蓬安	7	6	7	7	9	2	1	1	4	3	3	4	5	8	6	12	15
	三坝	8	7	11	9	5	6	3	1	4	6	8	6	3	6	6	8	2
秋季	蓬安	9	8	9	9	5	4	2	3	3	2	2	1	1	8	9	7	18
	三坝	7	11	12	7	8	6	4	3	2	5	6	4	2	6	7	7	4
冬季	蓬安	7	7	8	8	6	5	1	4	3	2	2	2	2	4	5	9	24
	三坝	6	8	12	8	9	4	4	2	3	3	7	6	3	4	6	6	8
全年	蓬安	8	8	8	8	7	4	2	2	3	3	3	2	2	6	7	9	19
	三坝	7	9	12	8	7	5	3	3	3	4	6	5	3	5	7	6	6

表4.4.18 2010年5月至2011年4月专用站与蓬安站主导风向表

项目		春季	夏季	秋季	冬季	全年
主导风向及频率	蓬安	NE,9%	NNW,12%	4个方向,9%	NNW,9%	NNW,9%
	三坝	NE,14%	NE,11%	NE,12%	NE,12%	NE,12%
次主导风向及频率	蓬安	4个方向,8%	E,9%	2个方向,8%	2个方向,8%	4个方向,8%
	三坝	NNE,10%	ENE,9%	NNE,11%	E,9%	NNE,9%

专用站主导风向明显,所占频率较高,而蓬安站主导风向不太明显,主导风向所占频率不太高;两站主导风向与次主导风向有所差异。究其原因,均系下垫面影响所致。

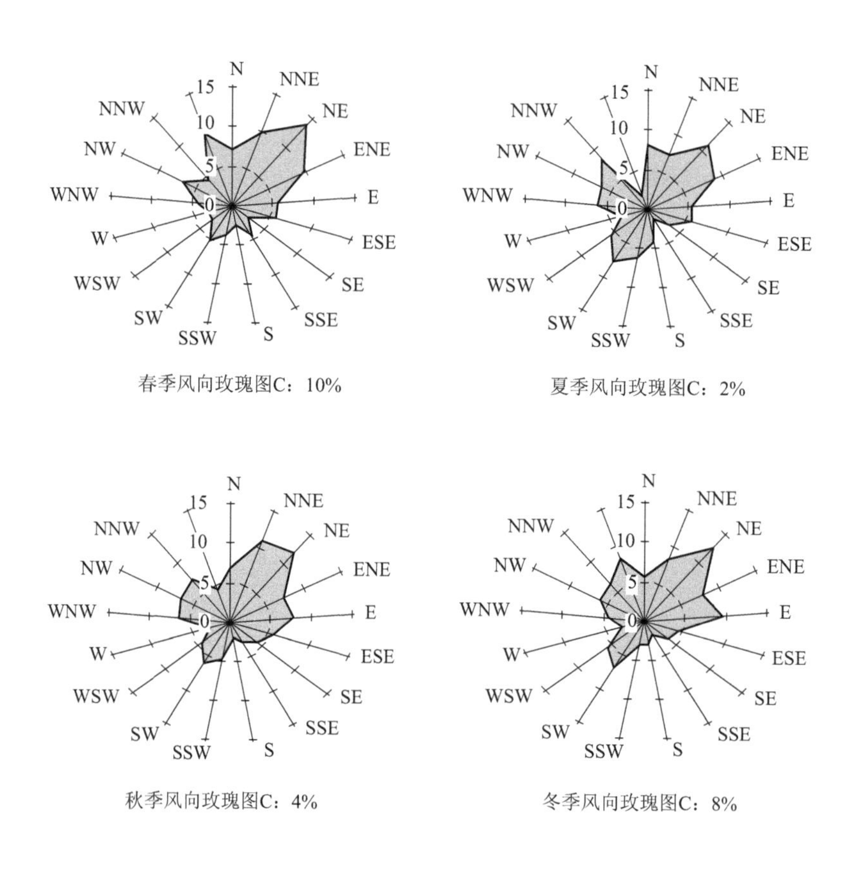

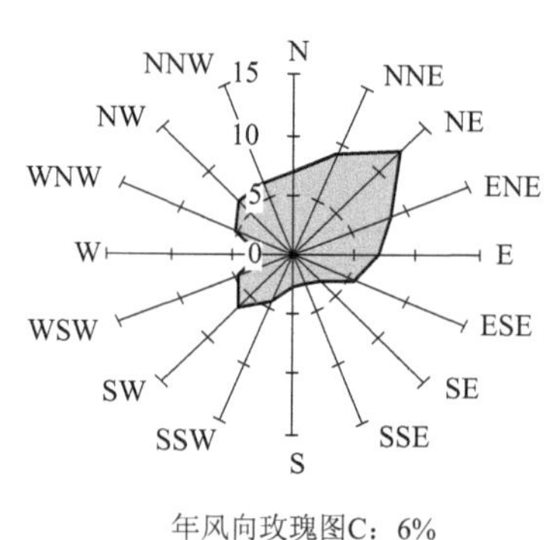

图 4.4.34　2010 年 5 月至 2011 年 4 月专用站各季、年风向玫瑰图

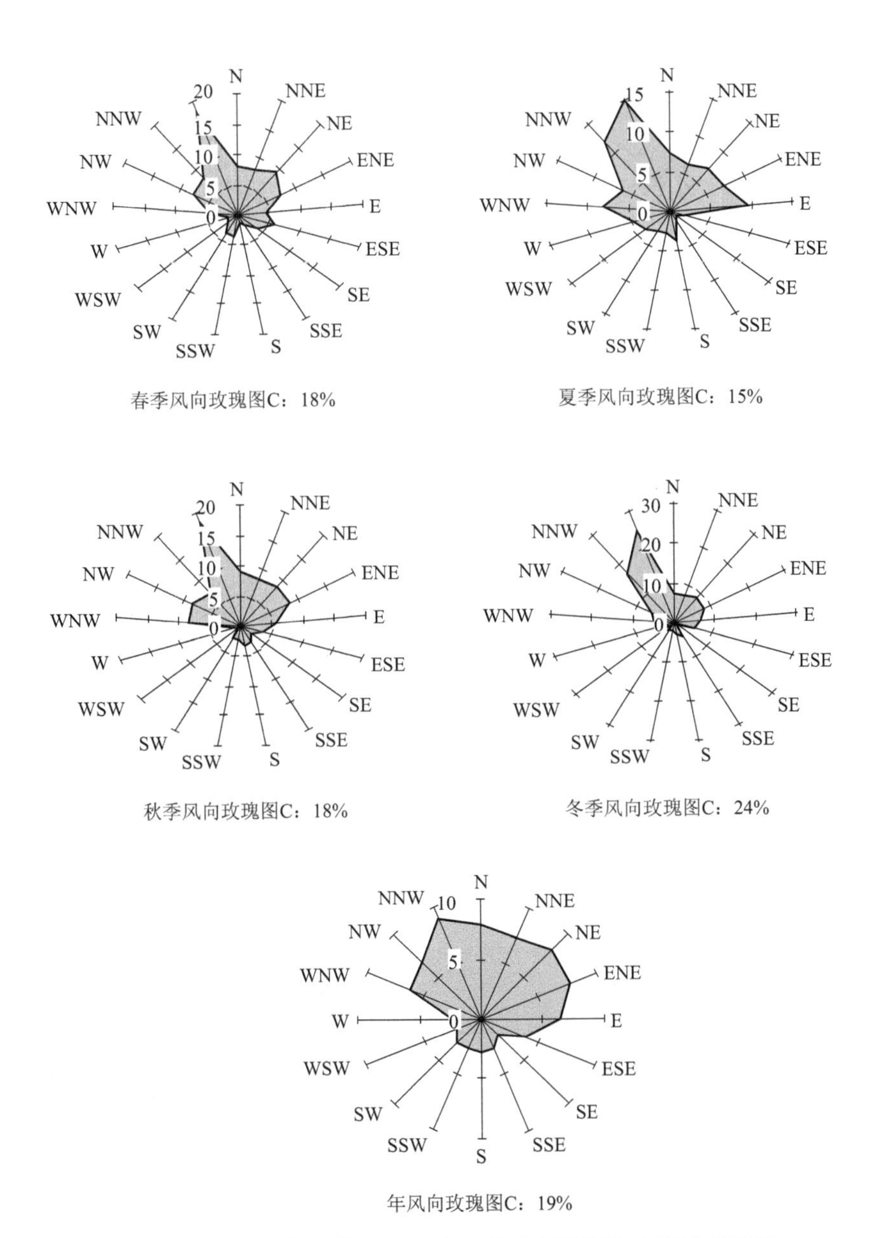

图 4.4.35　2010 年 5 月至 2011 年 4 月蓬安站各季、年风向玫瑰图

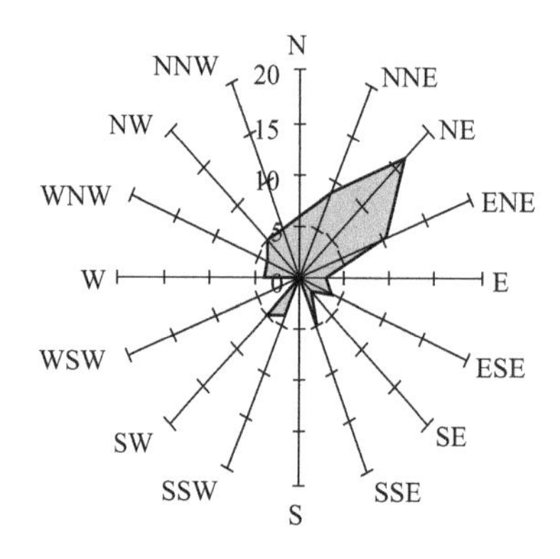

5月风向玫瑰图C：19%

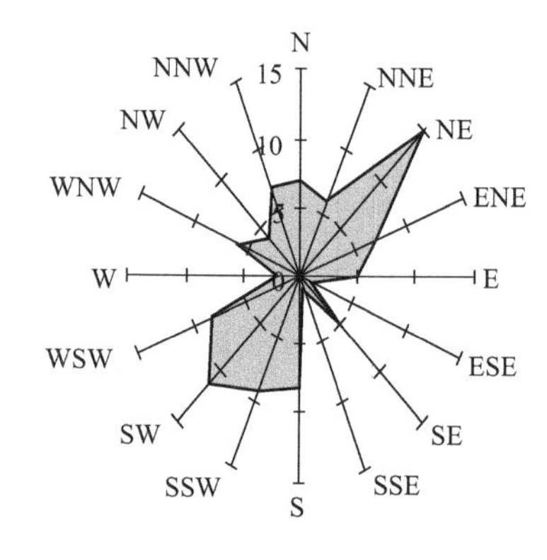

6月风向玫瑰图C：1%

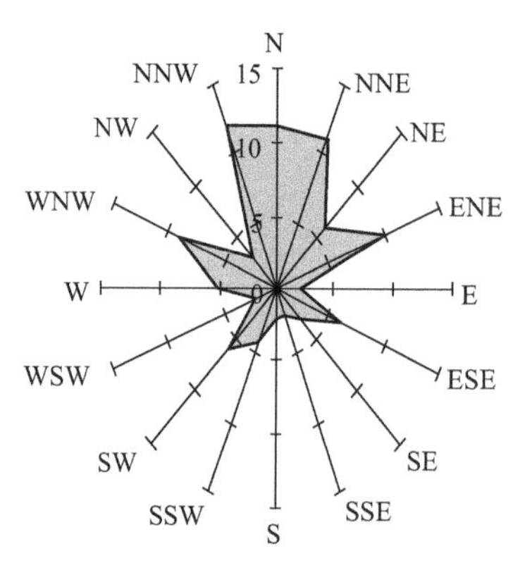

7月风向玫瑰图C：3%

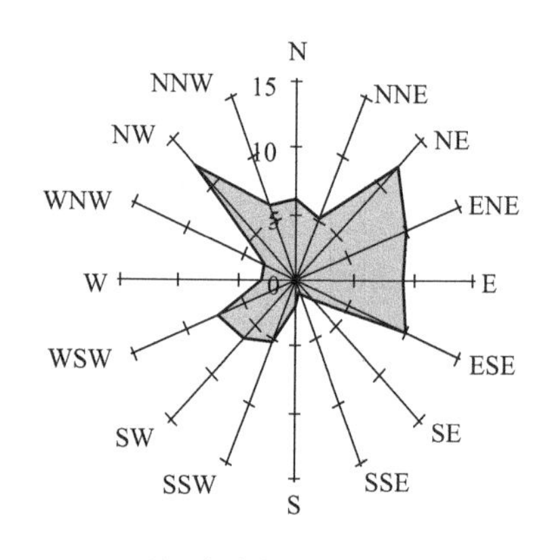

8月风向玫瑰图C：2%

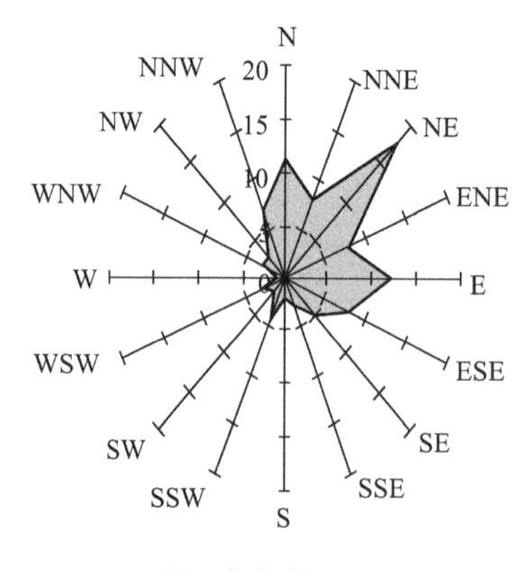

9月风向玫瑰图C：3%

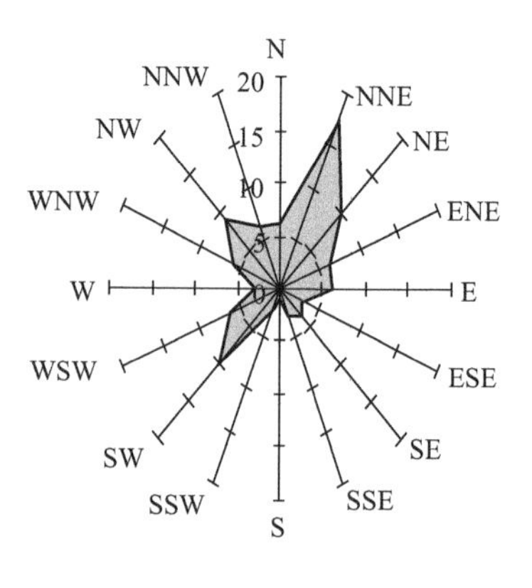

10月风向玫瑰图C：3%

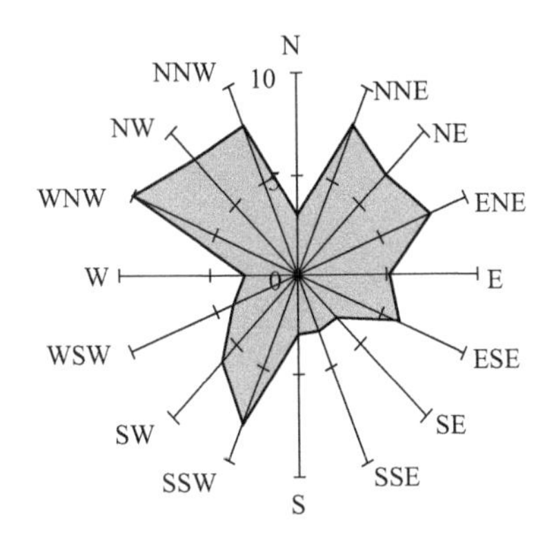

11月风向玫瑰图C：8%

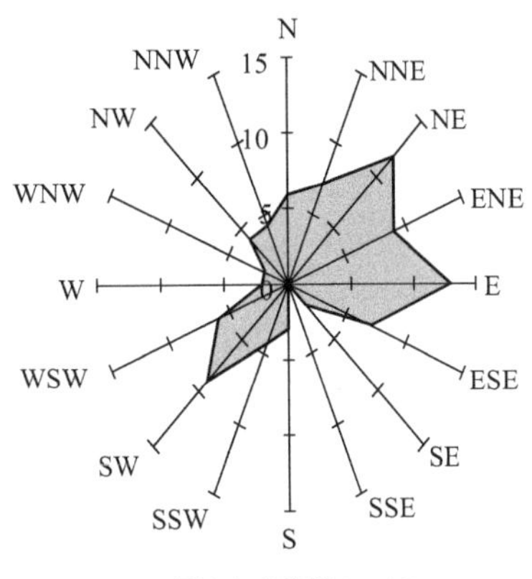

12月风向玫瑰图C：8%

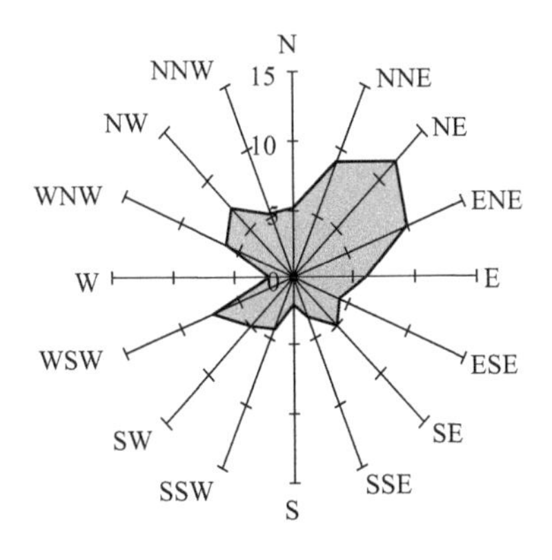

1月风向玫瑰图C：7%

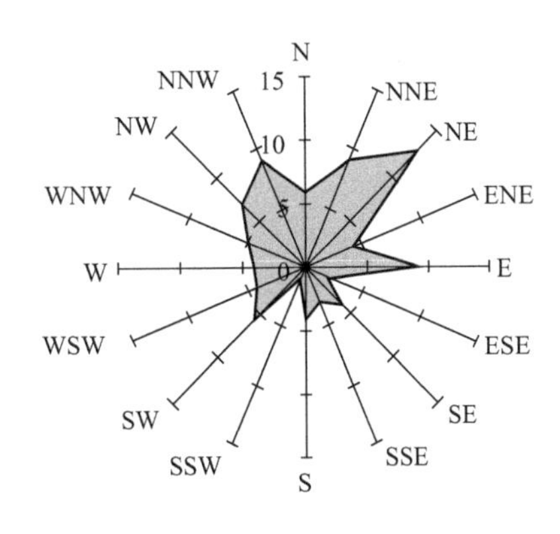

2月风向玫瑰图C：10%

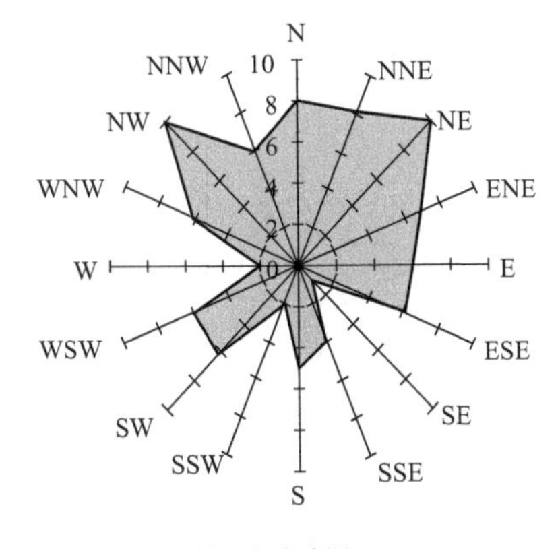

3月风向玫瑰图C：4%

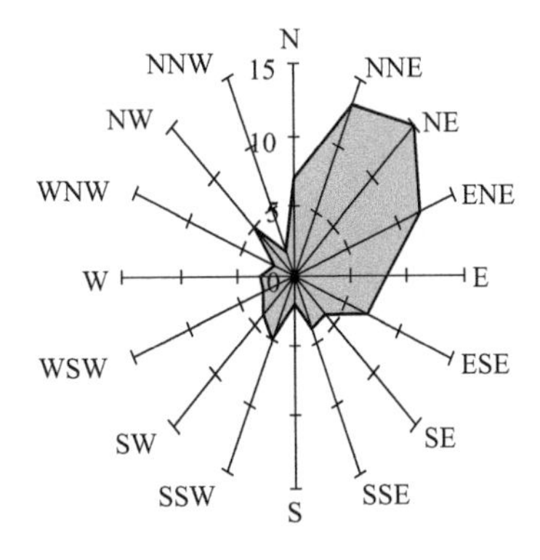

4月风向玫瑰图C：6%

图 4.4.36　2010 年 5 月至 2011 年 4 月专用站逐月风向玫瑰图

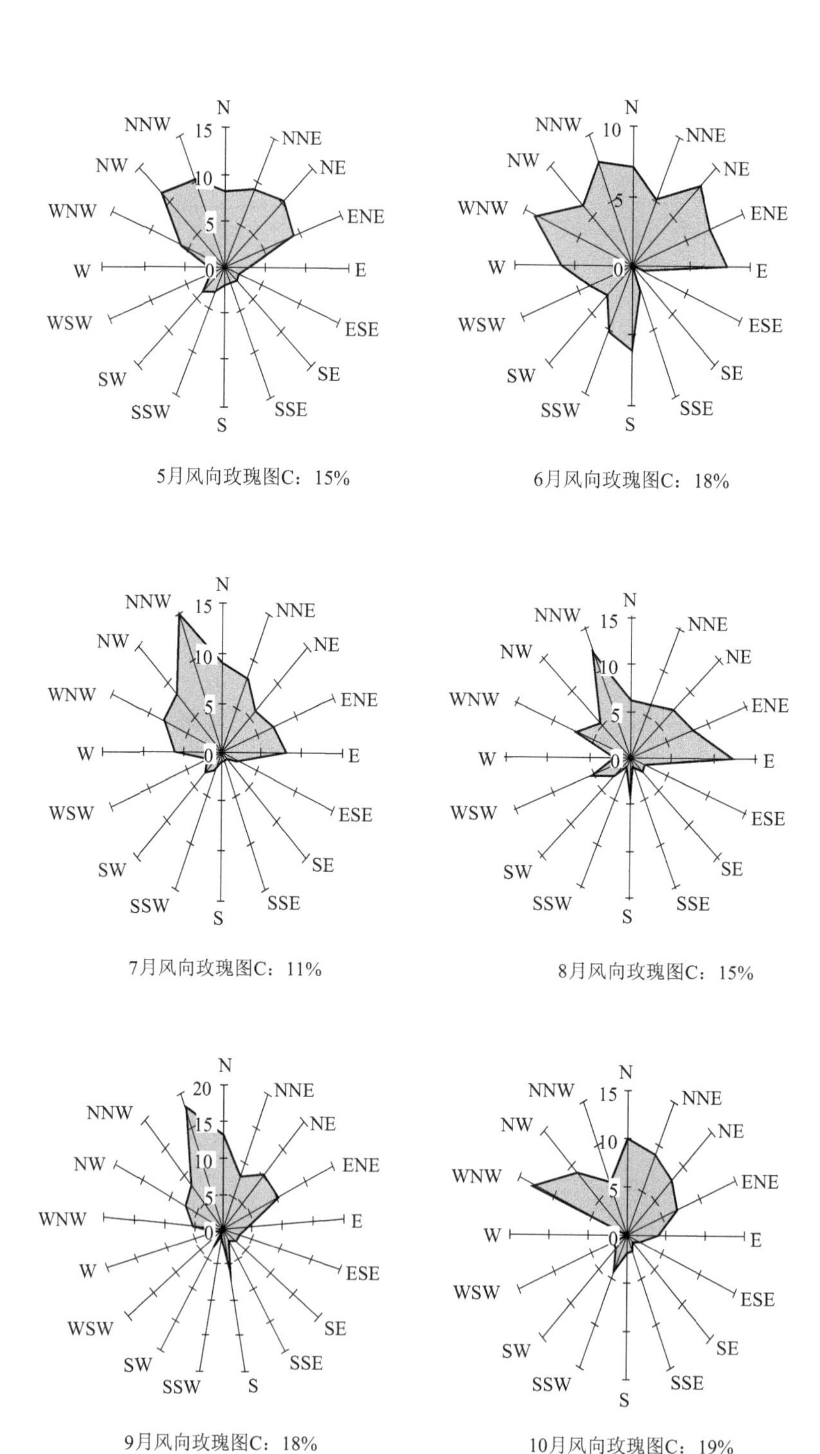

5月风向玫瑰图C：15%

6月风向玫瑰图C：18%

7月风向玫瑰图C：11%

8月风向玫瑰图C：15%

9月风向玫瑰图C：18%

10月风向玫瑰图C：19%

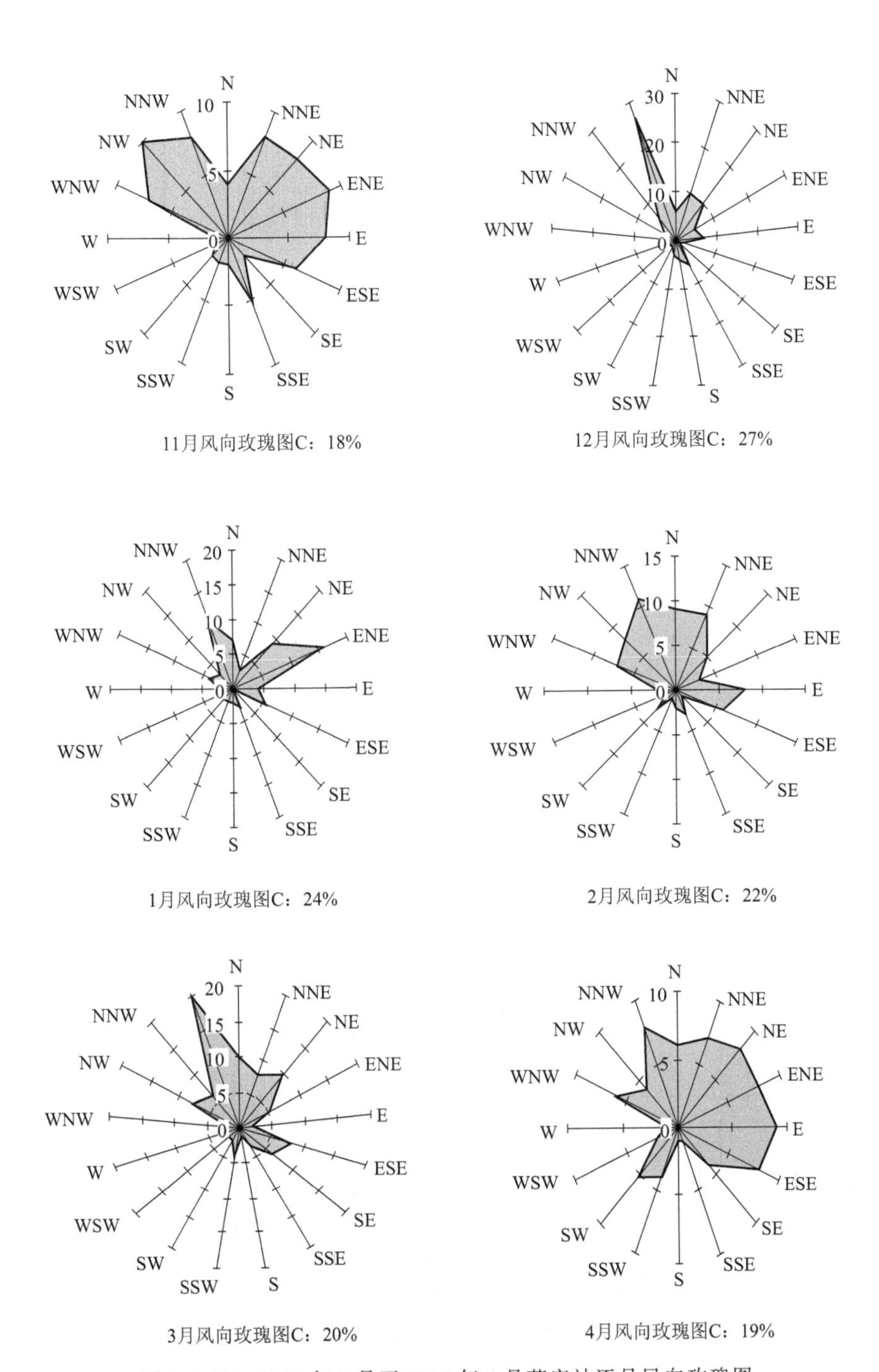

图 4.4.37　2010 年 5 月至 2011 年 4 月蓬安站逐月风向玫瑰图

(2)静风频率分析

蓬安气象站风速风向观测分人工站与自动站。人工站从建站至现在采用 EL 电接风向风速计观测,观测方式为人工目测,启动风速 1 m/s,2006 年以后未进行资料整编。自动站风向传感器型号 EL15-2D,风速传感器型号 EL15-1A,仪器启用时间为 2004 年 12 月 31 日 20 时,与人工站平行观测一年,2005 年 12 月 31 日 20 时开始以自动站观测记录为主。根据三坝厂址专用站、蓬安站资料统计,风速≤0.3 m/s 静风频率及风速≤0.5 m/s 静风频率见表 4.4.19 及图 4.4.38。

表 4.4.19　三坝厂址站与蓬安气象站统计静风频率(%)

测站	统计年限(年.月)	风速≤0.3 m/s	风速≤0.5 m/s	风速≤1.0 m/s
三坝厂址站	2010.5—2011.4	6	11	
蓬安站	2010.5—2011.4	19	32	
	2006.1—2006.12	5	13	
	2007.1—2007.12	5	14	
	2008.1—2008.12	20	32	
	2009.1—2009.12	19	32	
	2010.1—2010.12	20	33	
	2006.1—2010.12	14	25	
	1959—2002			34

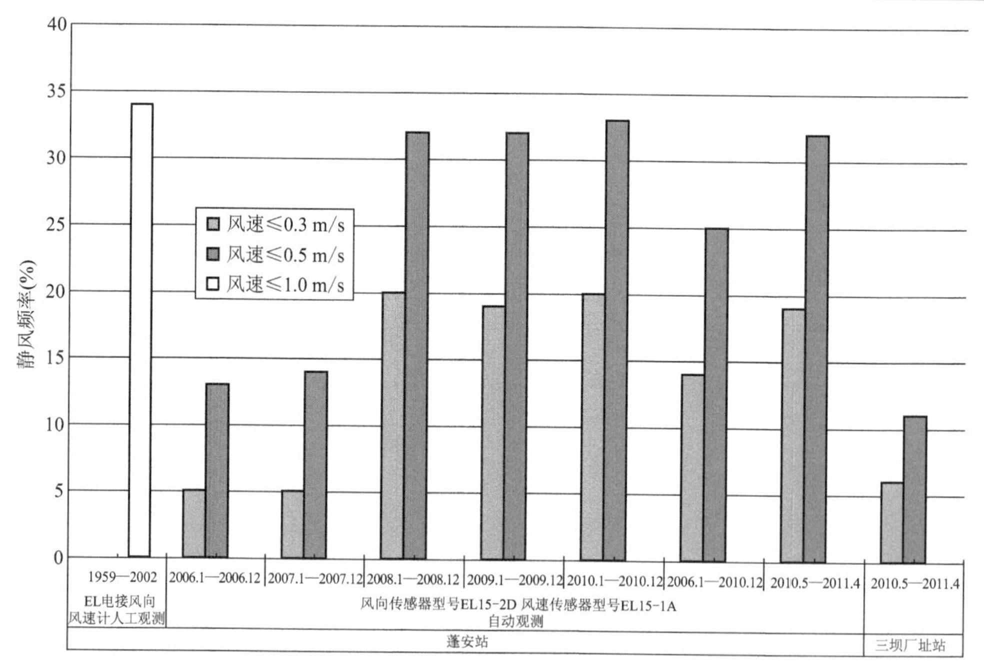

图 4.4.38　三坝厂址站与蓬安气象站静风频率对比图

从表 4.4.19 和图 4.4.37 分析可知，蓬安气象站 2006 年以前，采用人工定时观测，启动风速 1 m/s，2006 年以后采用自动观测，启动风速≤0.3 m/s，因此，由于观测仪器及观测方式的不同，1959—2002 年蓬安气象站统计的静风频率最高。从蓬安站 2006—2010 年静风统计分析可知，2008 年以后静风频率明显增大。据调查了解，由于城市化的发展，2008 年以后蓬安站址周围县城开始扩展建设，导致测站被周围建筑物包围，观测环境遭到一定程度的破坏，这对近地层的风速影响较大，因此蓬安站 2008 年以后静风频率明显增大。

根据三坝厂址专用气象站与蓬安气象站 1 年观测资料对比分析，三坝厂址站比蓬安气象站静风频率小，这是由于三坝厂址位于嘉陵江左岸阶地上的开阔平台上，嘉陵江从厂址东、北、西三面环绕流过，整个厂址区域呈半岛形状，三坝专用站观测场位于比厂址略高 10 m 的厂址东侧台地上，风速风向基本不受影响；蓬安气象站位于蓬安县城，观测场位于城中一独立小山包上，比周围高出约 20 m，但近年来在蓬安气象站周围陆续建了一些房屋，虽高出观测场不多，且有一定的距离，但对观测的静风仍有一定影响。因此，蓬安气象站比三坝厂址专用气象站静风频率高是合理的。

综上所述，三坝厂址站与蓬安气象站静风频率统计分析，三坝厂址站静风频率低于蓬安气象站静风频率的结论是可靠的。

4.4.7　降水量

4.4.7.1　差值分析

根据表 4.4.20 和图 4.4.39 分析，蓬安站与专用站逐月降水量变化趋势基本一致，蓬安站与专用站差值为 0.1～46 mm。

表 4.4.20　2010 年 5 月至 2011 年 4 月专用气象站与蓬安站平均降水量差值表(mm)

月份	5	6	7	8	9	10	11	12	1	2	3	4
三坝	109	71.6	251.7	339.4	178.2	59.3	17.5	20.2	22.9	20.1	42.5	31.7
蓬安	110	83.9	297.7	358.3	173.5	46.6	13.8	19.7	16.4	15.3	42.4	33.5
差值	1	12.3	46	18.9	−4.7	−12.7	−3.7	−0.5	−6.5	−4.8	−0.1	1.8

4.4.7.2　降水量相关性分析

专用站与蓬安站降水量的相关系数见表 4.4.21，2010 年 5 月至 2011 年 4 月专用站与蓬安站各月降水量的相关性见图 4.4.40，年降水量的相关性见图 4.4.41。从图表可见降水量的相关性高低不一，相关系数最高的是 2010 年 11 月的 0.9989，最低的是 2010 年 10 月的 0.5145。年降水量的相关性好，相关系数 0.9231。

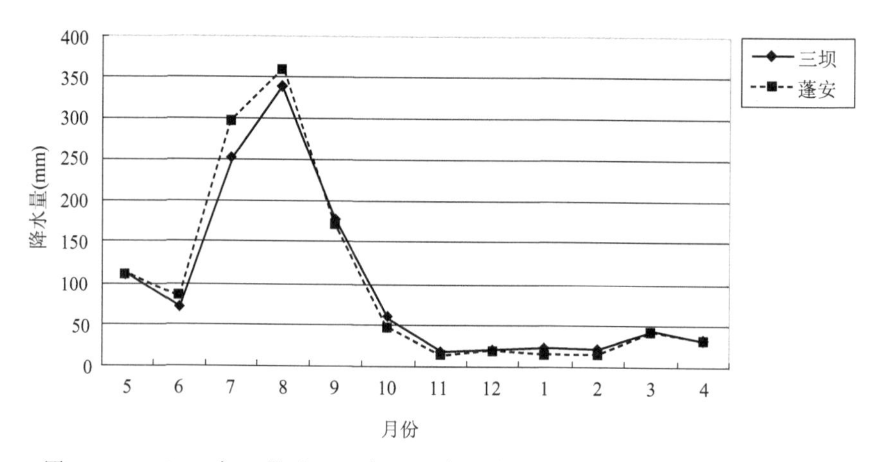

图 4.4.39　2010 年 5 月至 2011 年 4 月专用站与蓬安站各月降水量变化对比图

表 4.4.21　2010 年 5 月至 2011 年 4 月专用站与蓬安站降水量的相关系数($y=ax+b$)

月	5	6	7	8	9	10	11	12	1	2	3	4	年
a	0.8507	1.0818	1.0110	0.9060	1.0263	0.4079	1.1168	0.8479	1.3155	1.2770	0.8813	0.5085	0.9431
b	0.7605	−0.6396	−2.7967	1.8358	−0.0076	2.7070	0.2646	0.4662	0.1206	0.1122	0.8559	1.5739	0.1860
R	0.9246	0.9542	0.8641	0.9197	0.9962	0.5145	0.9989	0.9643	0.9565	0.9927	0.9745	0.9085	0.9231

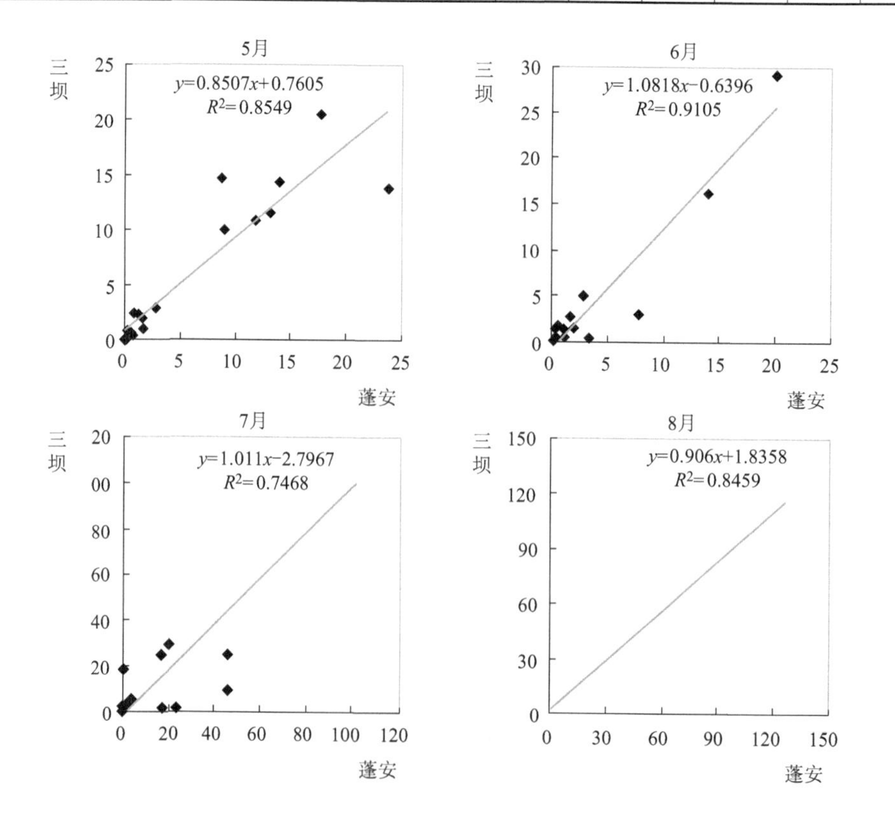

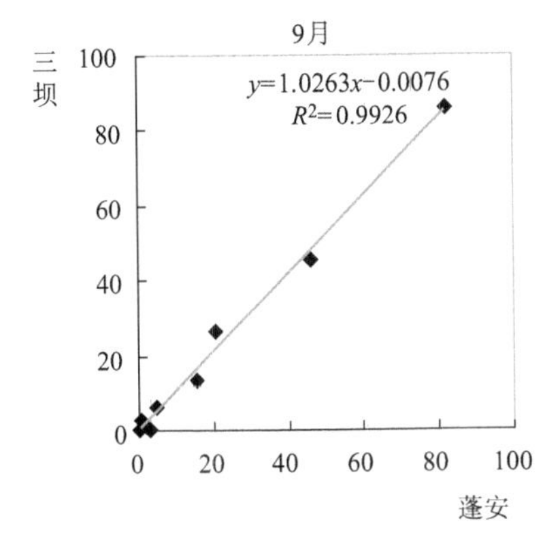
9月
三坝
y=1.0263x−0.0076
R^2=0.9926
蓬安

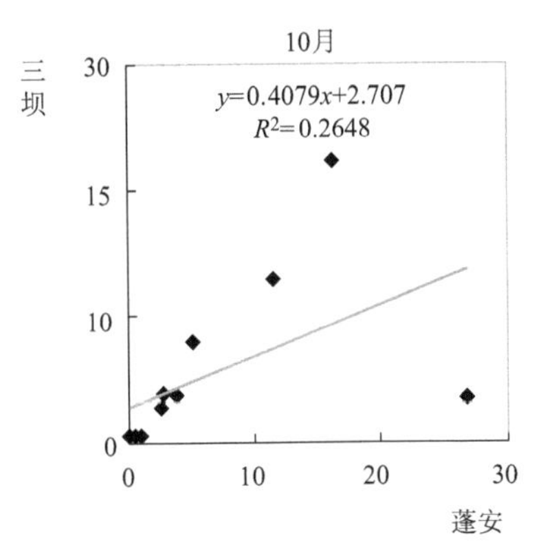
10月
三坝
y=0.4079x+2.707
R^2=0.2648
蓬安

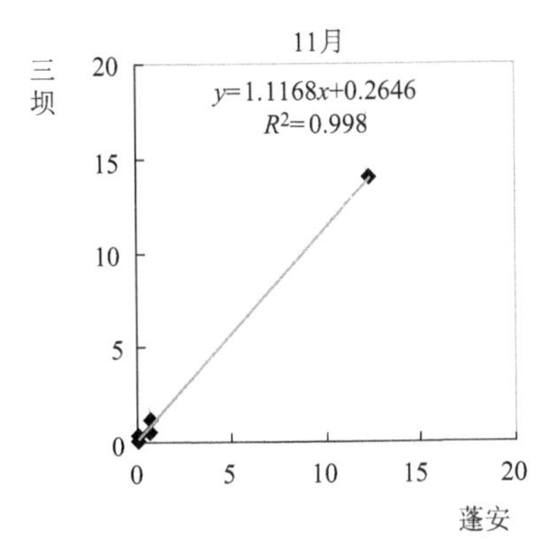
11月
三坝
y=1.1168x+0.2646
R^2=0.998
蓬安

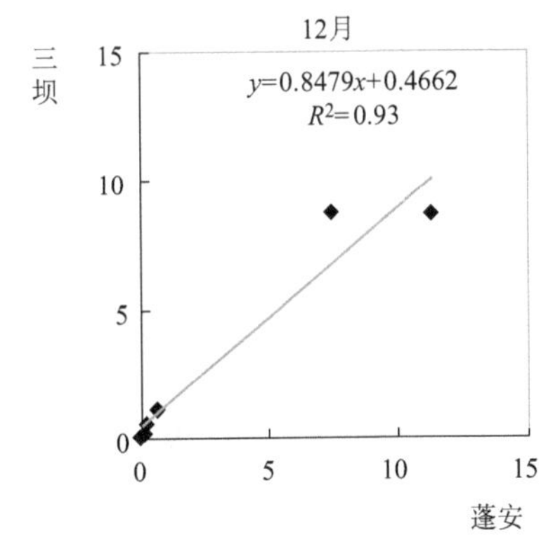
12月
三坝
y=0.8479x+0.4662
R^2=0.93
蓬安

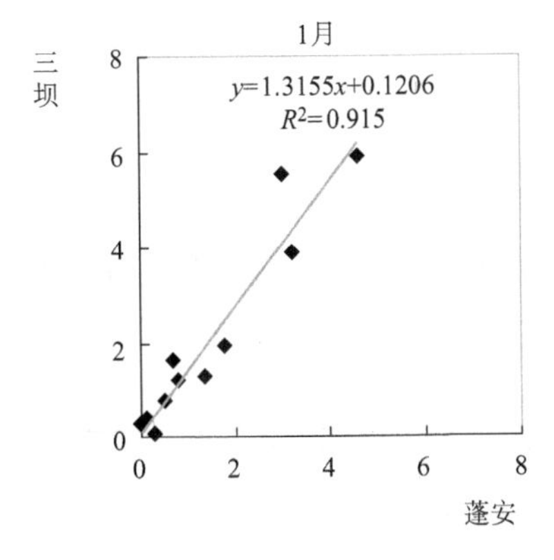
1月
三坝
y=1.3155x+0.1206
R^2=0.915
蓬安

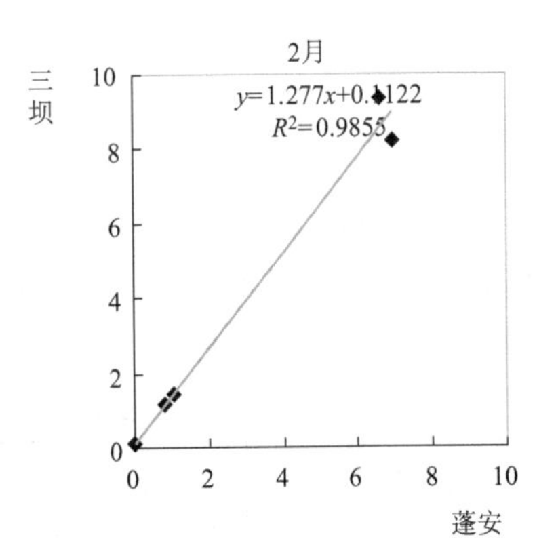
2月
三坝
R^2=0.9855
蓬安

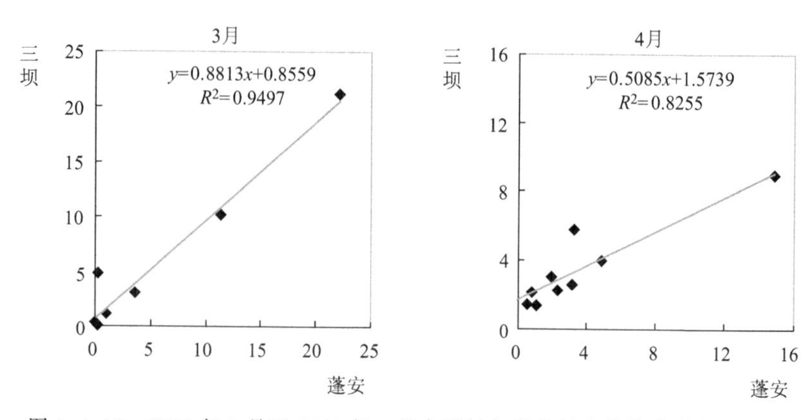

图 4.4.40　2010 年 5 月至 2011 年 4 月专用站与蓬安站各月降水量相关性图

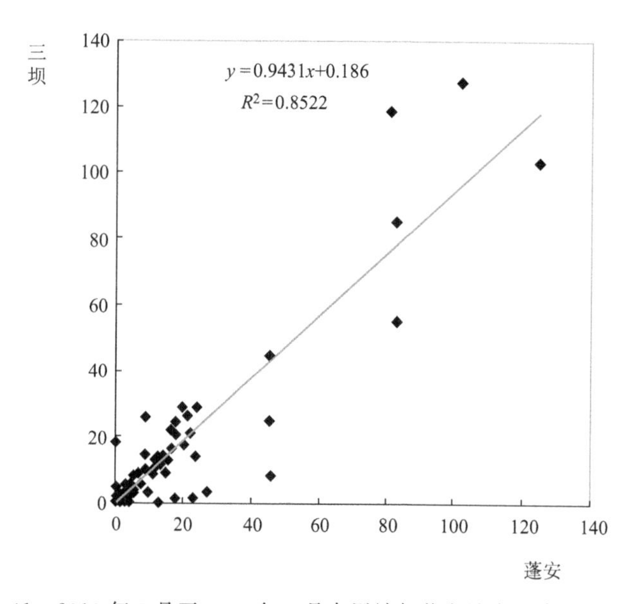

图 4.4.41　2010 年 5 月至 2011 年 4 月专用站与蓬安站全年降水量相关性图

4.4.8 蒸发

4.4.8.1 差值分析

根据表 4.4.22 和图 4.4.42 分析，蓬安站与专用站逐月蒸发量变化趋势基本一致，蓬安站与专用站差值为 0.4～99 mm。

表 4.4.22　专用站与蓬安站平均蒸发量差值表(mm)

月份	5	6	7	8	9	10	11	12	1	2	3	4
三坝	88.8	112.4	93.5	90.0	78.0	63.2	51.3	39.7	33.7	32.4	61.3	69.6

续表

月份	5	6	7	8	9	10	11	12	1	2	3	4
蓬安	111.6	122.0	155.1	189.0	128.6	74.2	50.9	33.1	30.6	47.1	86.1	145.5
差值	22.8	9.6	61.6	99.0	50.6	11.0	−0.4	−6.6	−3.1	14.7	24.8	75.9

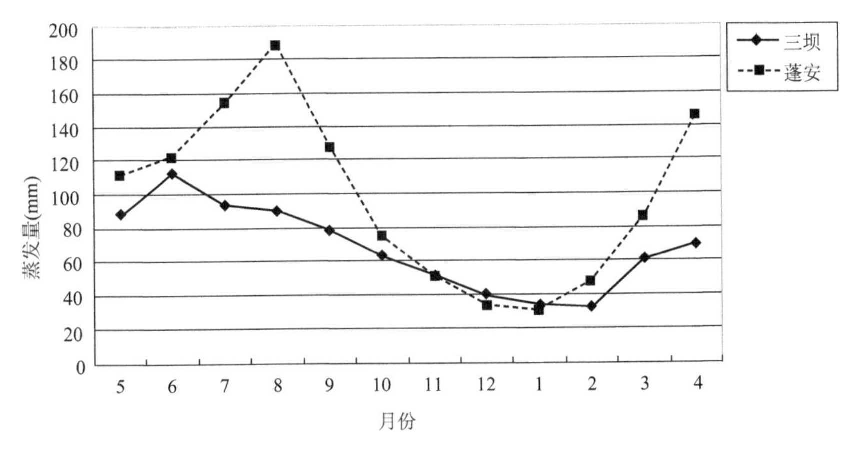

图 4.4.42　2010 年 5 月至 2011 年 4 月专用站与蓬安站各月蒸发量变化对比图

三坝站与蓬安站蒸发量值差异属于两站对蒸发量的观测方式不同、观测时间较短以及周围环境的差异(温度、风速、湿度、降水、天气状况)所致。

4.4.8.2　相关性分析

专用站与蓬安站蒸发量的相关系数见表 4.4.23，2010 年 5 月至 2011 年 4 月专用站与蓬安站各月蒸发量的相关性见图 4.4.43，年蒸发量的相关性见图 4.4.44。从图表可见总体相关性较差，相关系数最高的是 2010 年 12 月的 0.8389。

表 4.4.23　2010 年 5 月至 2011 年 4 月专用站与蓬安站蒸发量的相关系数($y=ax+b$)

月	5	6	7	8	9	10	11	12	1	2	3	4	年
a	0.2335	0.4896	0.4101	0.2938	0.2968	0.3352	0.2026	0.796	0.4565	0.4557	0.5009	0.4405	0.3748
b	2.0238	1.7636	0.9643	1.1121	1.3278	1.2365	1.3662	0.4307	0.6218	0.3906	0.5861	0.1691	1.0230
R	0.3597	0.5588	0.6392	0.7978	0.6261	0.5378	0.3091	0.8389	0.5173	0.758	0.8092	0.9179	0.6893

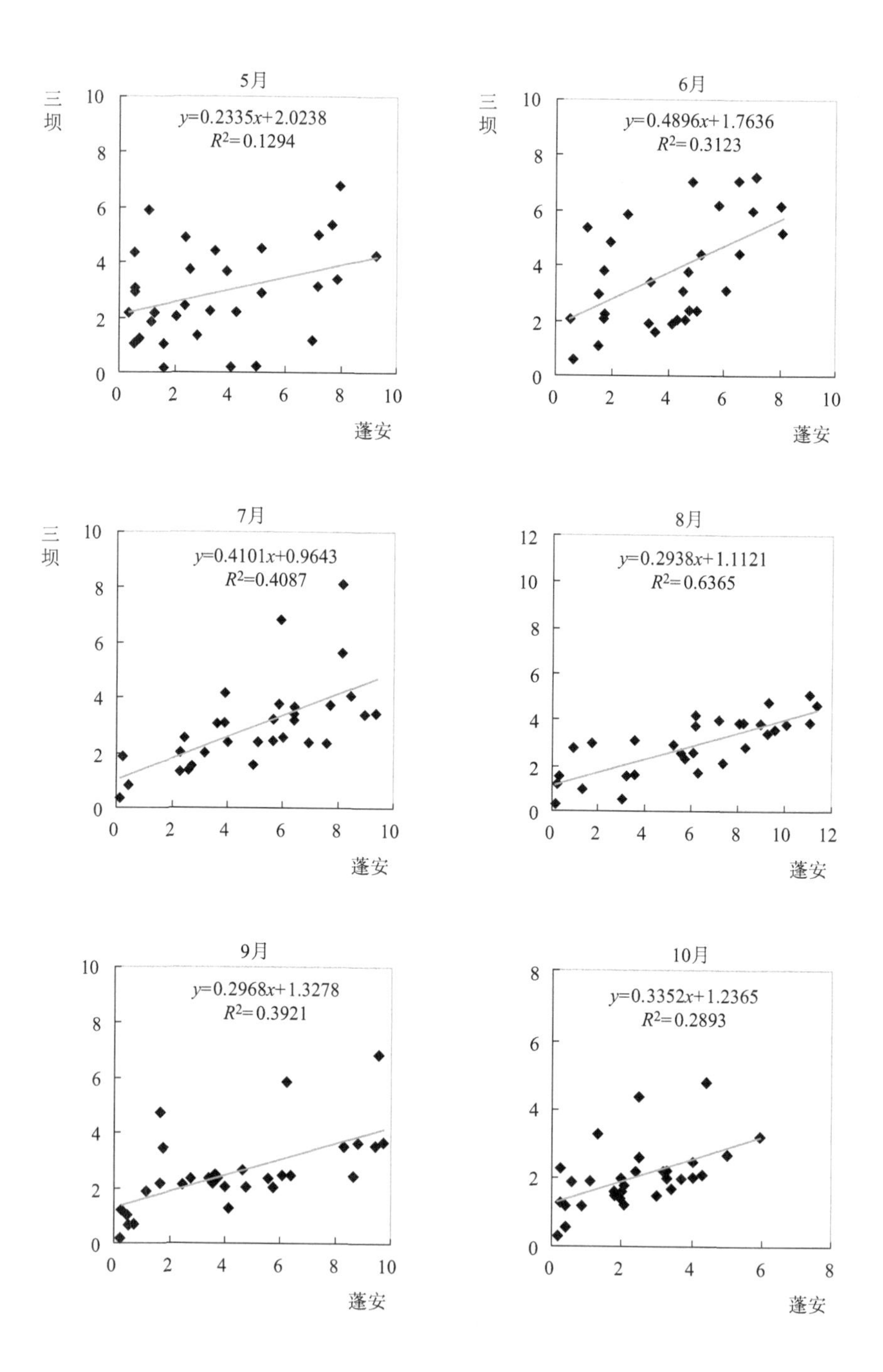
5月
三坝
蓬安
y=0.2335x+2.0238
R2=0.1294
6月
三坝
蓬安
y=0.4896x+1.7636
R2=0.3123
7月
三坝
蓬安
y=0.4101x+0.9643
R2=0.4087
8月
蓬安
y=0.2938x+1.1121
R2=0.6365
9月
蓬安
y=0.2968x+1.3278
R2=0.3921
10月
蓬安
y=0.3352x+1.2365
R2=0.2893

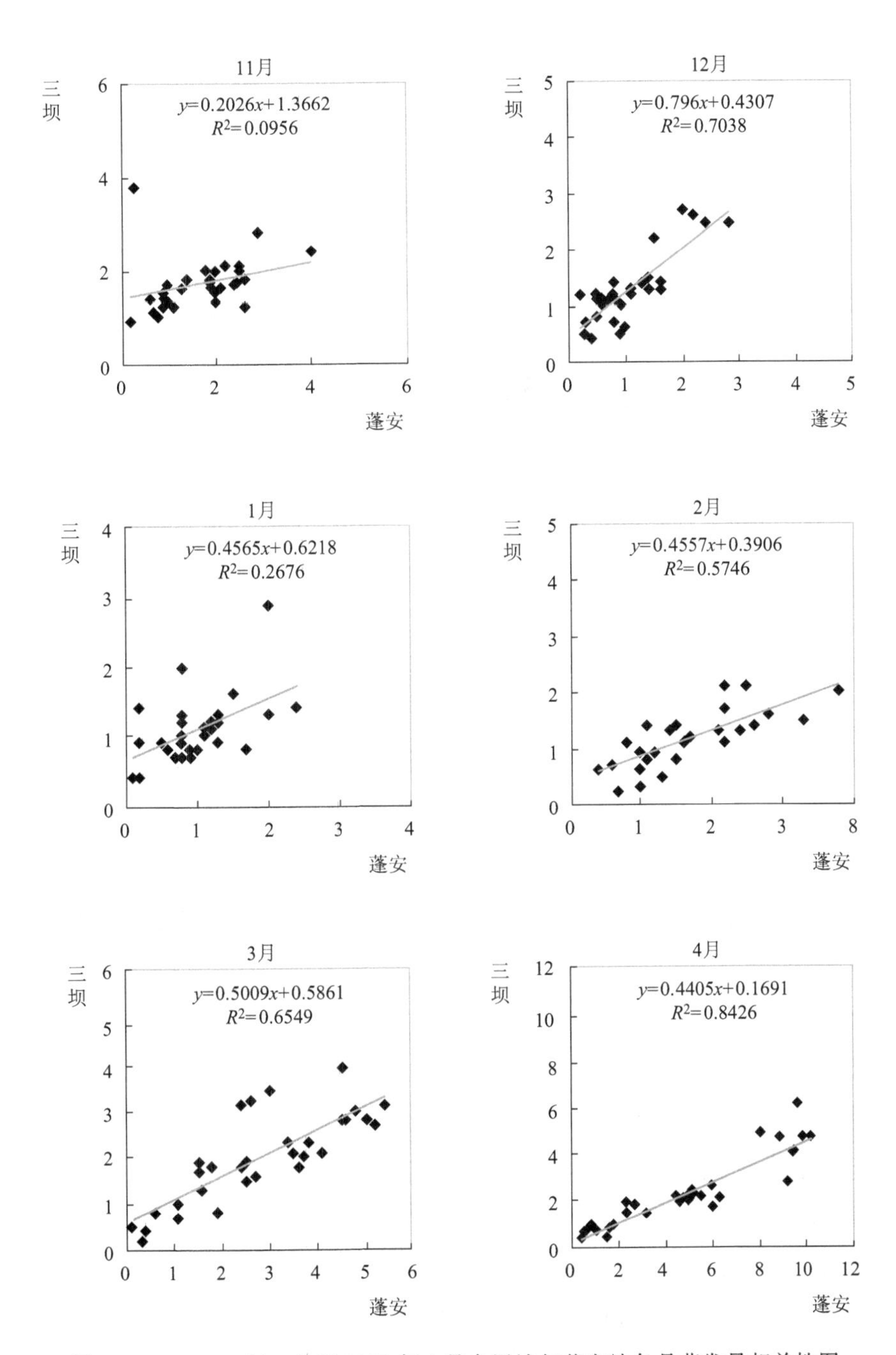

图 4.4.43 2010 年 5 月至 2011 年 4 月专用站与蓬安站各月蒸发量相关性图

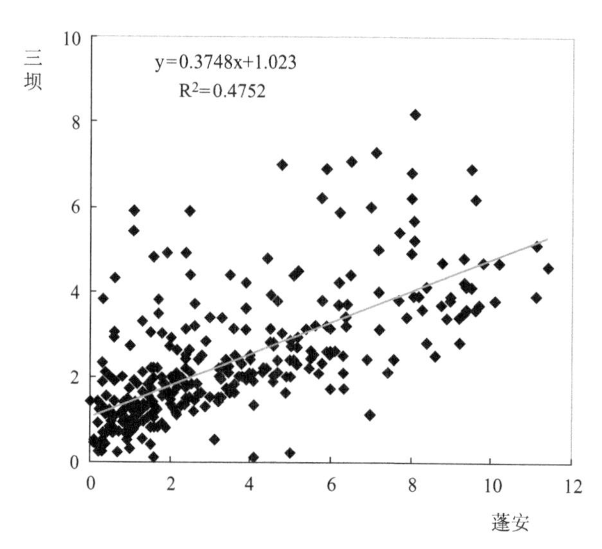

图 4.4.44 2010 年 5 月至 2011 年 4 月专用站与蓬安站全年蒸发量相关性图

4.4.9 地温

4.4.9.1 0 cm 地温

(1)差值分析

根据表 4.4.24 和图 4.4.45 分析,蓬安站与专用站逐月平均 0 cm 地温变化趋势一致,蓬安站与专用站差值 0～0.9 ℃。

表 4.4.24 2010 年 5 月至 2011 年 4 月专用站与蓬安站平均 0 cm 地温差值表(℃)

月份	5	6	7	8	9	10	11	12	1	2	3	4
三坝	22.5	25.9	30.5	30.3	26.6	18.9	14.2	7.9	4.3	9.5	12.6	21.1
蓬安	23.1	26.8	30	30.9	27.1	19.1	14.2	7.9	4.3	9.2	12.9	21.7
差值	0.6	0.9	−0.5	0.6	0.5	0.2	0	0	0	−0.3	0.3	0.6

(2)相关分析

专用站与蓬安站 0 cm 地温的相关系数见表 4.4.25,2010 年 5 月至 2011 年 4 月专用站与蓬安站各月 0 cm 地温的相关性见图 4.4.46,年 0 cm 地温的相关性见图 4.4.47。从图表可见总体相关性较好,相关系数较低的是 2010 年 7 月的 0.9511 和 2011 年 1 月的 0.9547,其余月份均高于 0.97。

表 4.4.25　2010 年 5 月至 2011 年 4 月专用站与蓬安站 0 cm 地温的相关系数($y=ax+b$)

月	5	6	7	8	9	10	11	12	1	2	3	4	年
a	0.8813	0.8669	0.8531	0.9762	0.8821	0.9391	0.8880	0.9693	0.9918	1.0852	0.9217	0.9361	0.9700
b	2.1737	2.7188	4.6751	0.2424	2.7389	0.9434	1.4137	0.1966	0.0504	−0.5602	0.7789	0.7200	0.2943
R	0.9903	0.9704	0.9511	0.9733	0.9752	0.9946	0.9880	0.9905	0.9547	0.9952	0.9805	0.9972	0.9960

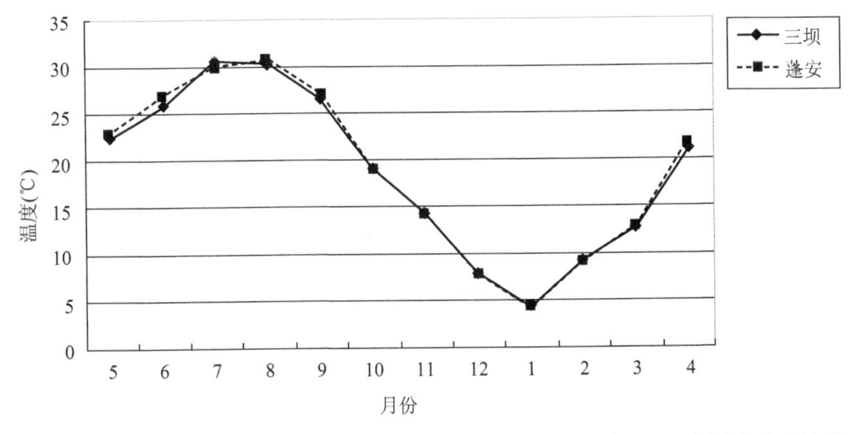

图 4.4.45　2010 年 5 月至 2011 年 4 月专用站与蓬安站各月平均 0 cm 地温变化对比曲线图

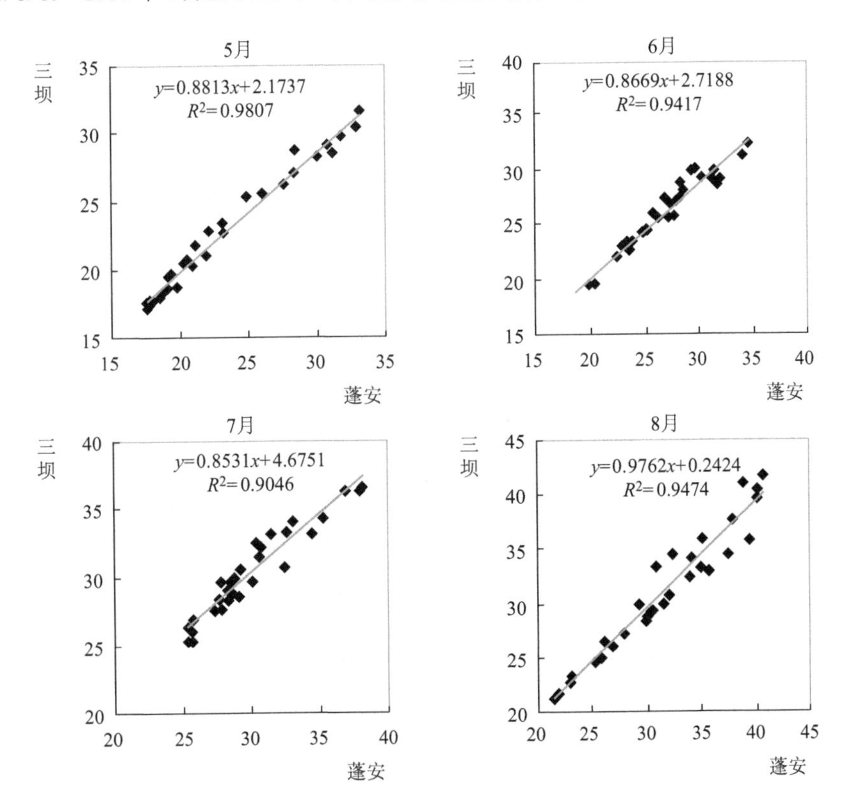

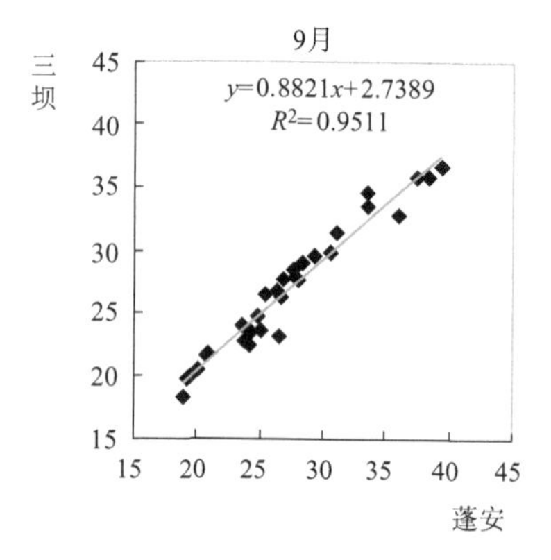
9月
三坝
y=0.8821x+2.7389
R2=0.9511
45
40
35
30
25
20
15
15 20 25 30 35 40 45
蓬安

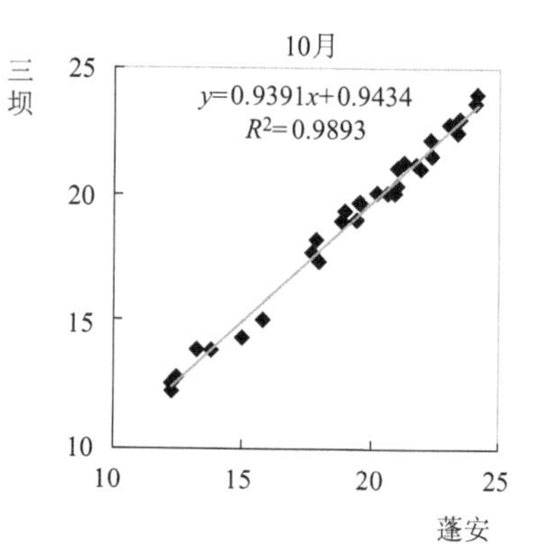
10月
三坝
y=0.9391x+0.9434
R2=0.9893
25
20
15
10
10 15 20 25
蓬安

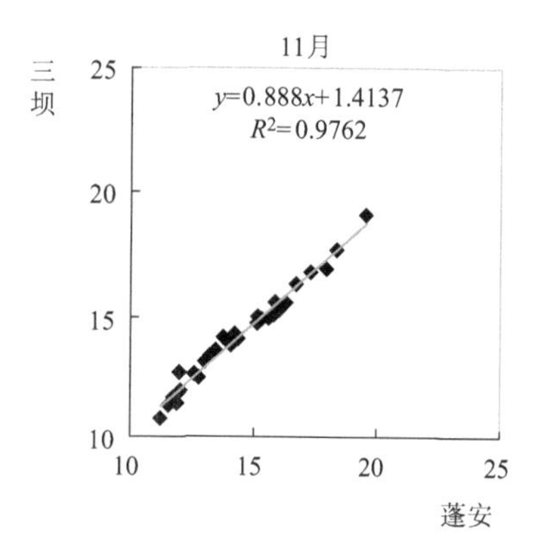
11月
三坝
y=0.888x+1.4137
R2=0.9762
25
20
15
10
10 15 20 25
蓬安

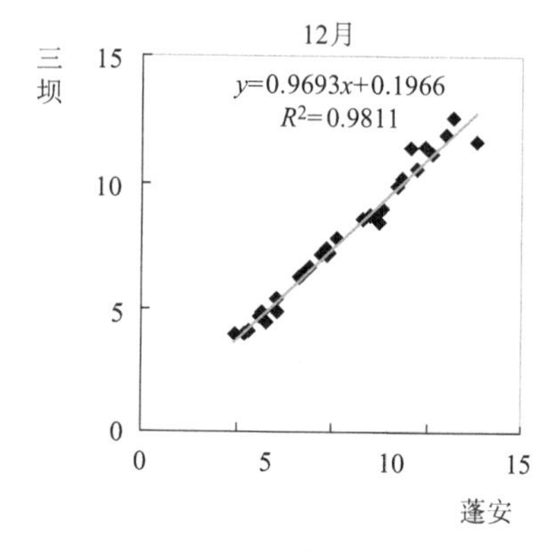
12月
三坝
y=0.9693x+0.1966
R2=0.9811
15
10
5
0
0 5 10 15
蓬安

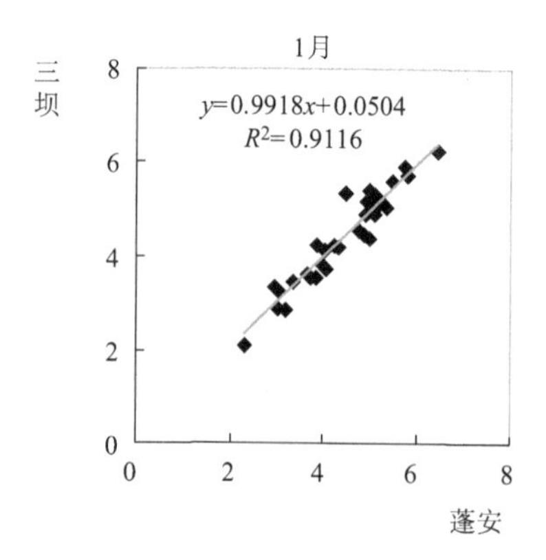
1月
三坝
y=0.9918x+0.0504
R2=0.9116
8
6
4
2
0
0 2 4 6 8
蓬安

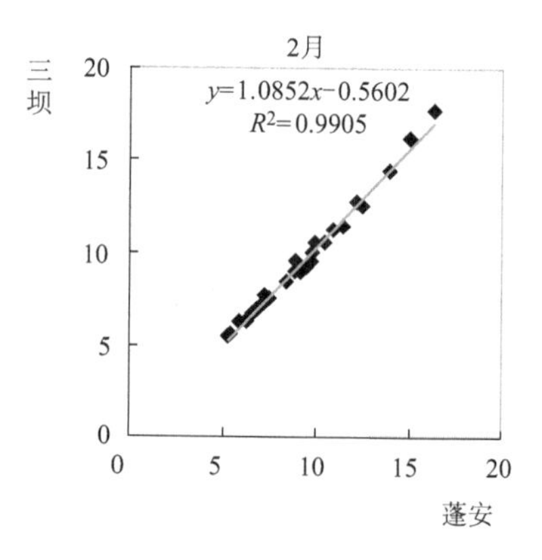
2月
三坝
y=1.0852x−0.5602
R2=0.9905
20
15
10
5
0
0 5 10 15 20
蓬安

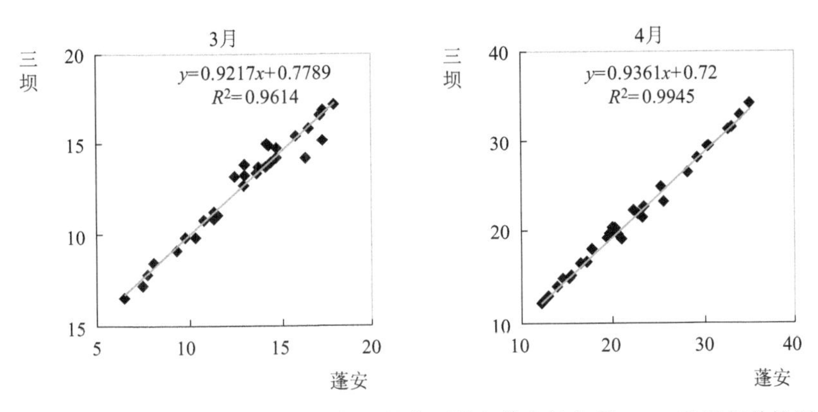

图 4.4.46　2010 年 5 月至 2011 年 4 月专用站与蓬安站各月 0 cm 地温相关性图

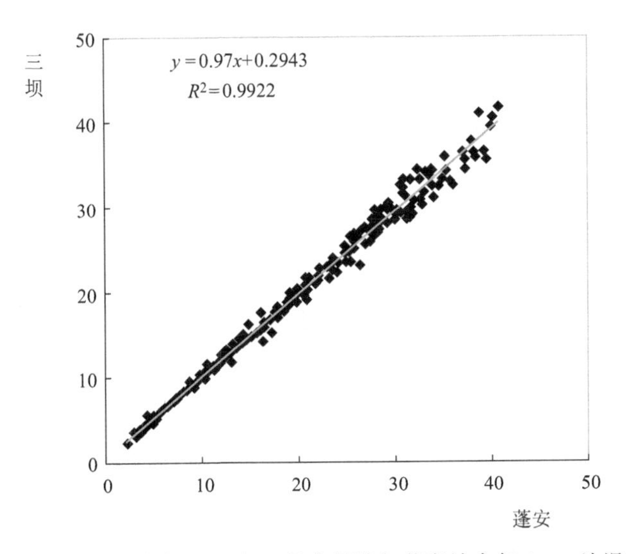

图 4.4.47　2010 年 5 月至 2011 年 4 月专用站与蓬安站全年 0 cm 地温相关性图

4.4.9.2　5 cm 地温

(1)差值分析

根据表 4.4.26 和图 4.4.48 分析，蓬安站与专用站逐月平均 5 cm 地温变化趋势一致，蓬安站与专用站差值 0～1 ℃。

表 4.4.26　2010 年 5 月至 2011 年 4 月专用站与蓬安站平均 5 cm 地温差值表(℃)

月份	5	6	7	8	9	10	11	12	1	2	3	4
三坝	21.9	25.7	29.5	29.6	26.0	19.2	14.5	8.5	5.0	9.4	12.5	20.1
蓬安	21.9	25.4	28.5	29.4	26.0	19.3	14.7	8.7	5.2	9.6	13.0	20.8
差值	0	−0.3	−1.0	−0.2	0	0.1	0.2	0.2	0.2	0.2	0.5	0.7

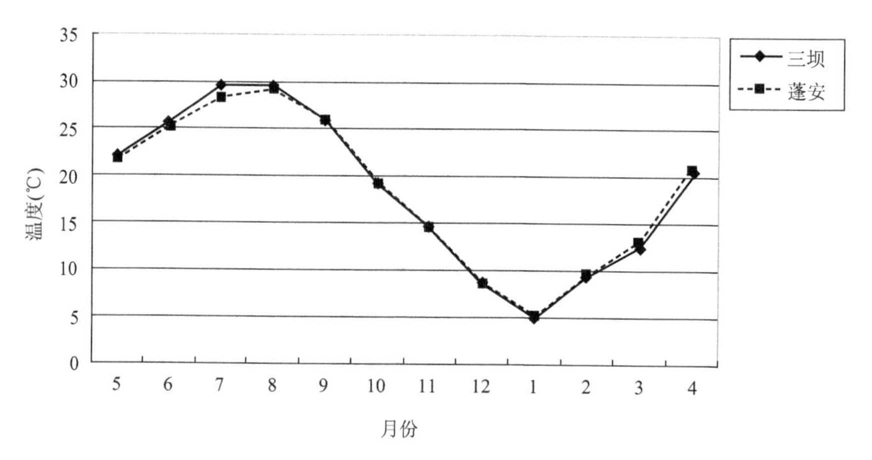

图 4.4.48　2010 年 5 月至 2011 年 4 月专用站与蓬安站各月平均 5 cm 地温变化对比曲线图

(2)相关性分析

专用站与蓬安站 5 cm 地温的相关系数见表 4.4.27,2010 年 5 月至 2011 年 4 月专用站与蓬安站各月 5 cm 地温的相关性见图 4.4.49,年 5 cm 地温的相关性见图 4.4.50。从图表可见总体相关性较好,相关系数最低的是 2010 年 5 月的 0.8991,其余月份均高于 0.96。

表 4.4.27　2010 年 5 月至 2011 年 4 月专用站与蓬安站 5 cm 地温的相关系数($y=ax+b$)

月	5	6	7	8	9	10	11	12	1	2	3	4	年
a	0.8609	0.9703	0.9707	0.9622	0.9155	0.9178	0.8598	0.9889	0.9348	0.9845	0.8661	0.9041	1.0138
b	3.0458	1.1134	1.7840	1.3163	2.1644	1.4663	1.8604	−0.0810	0.1279	−0.1009	1.2062	1.1352	−0.3348
R	0.9891	0.9758	0.9774	0.9792	0.9826	0.9960	0.9876	0.9924	0.9694	0.9960	0.9884	0.9980	0.9967

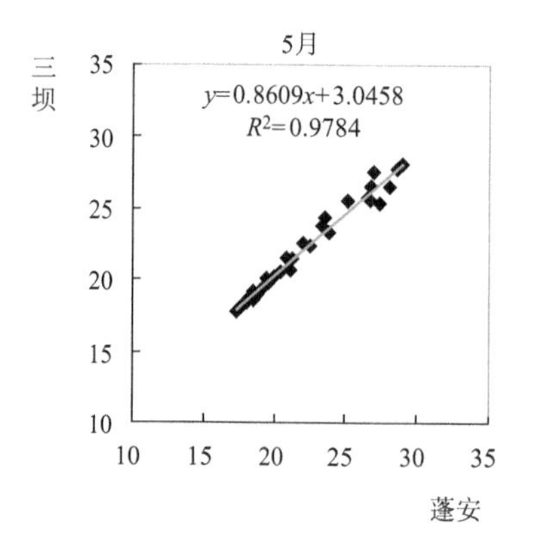

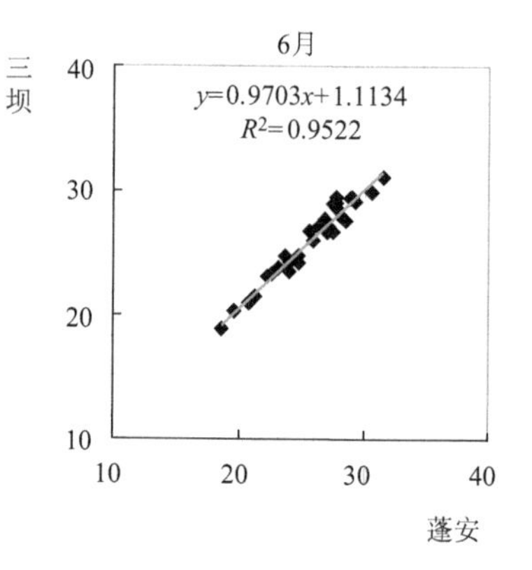

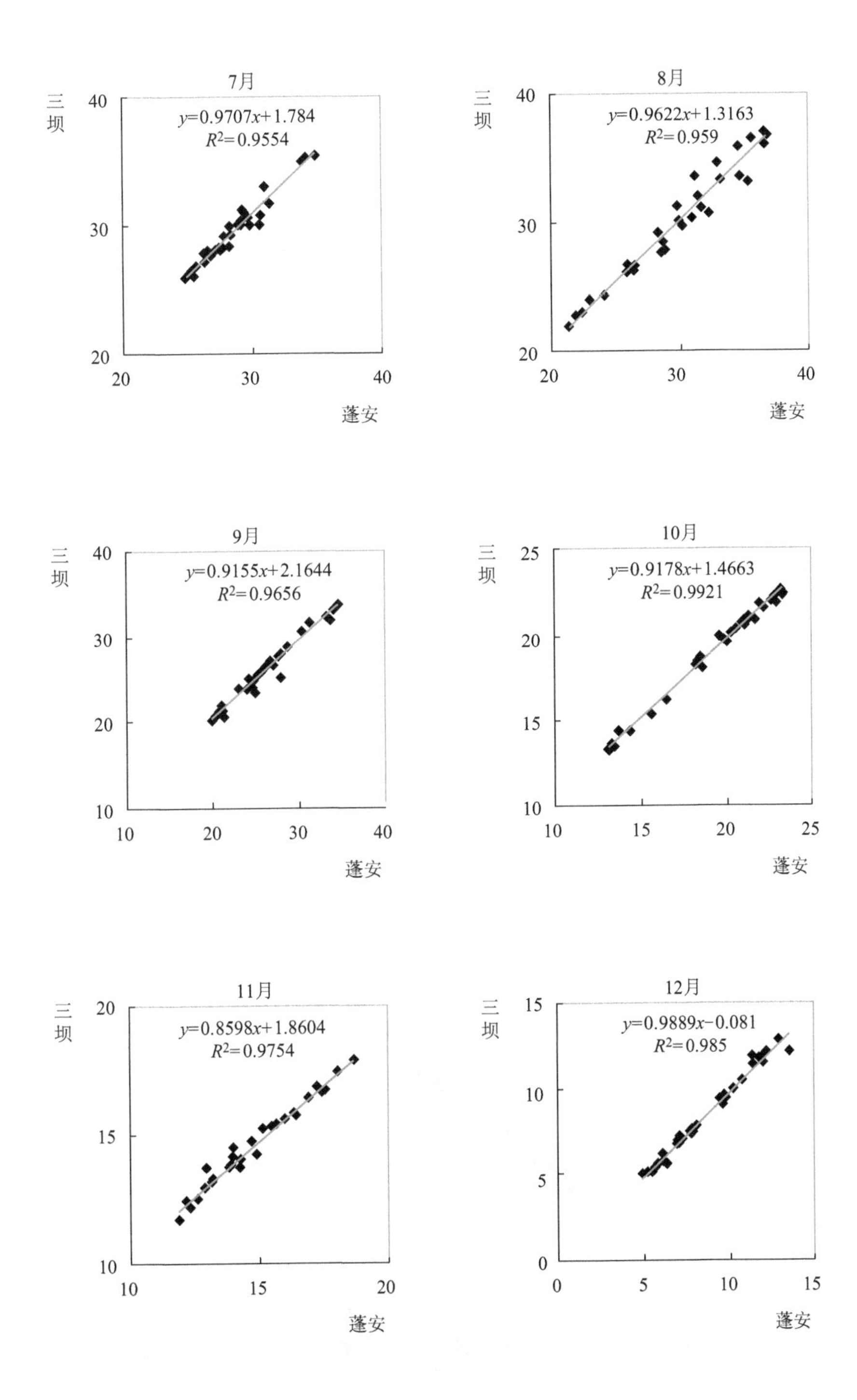

7月
三坝
$y=0.9707x+1.784$
$R^2=0.9554$
40
30
20
20
30
40
蓬安
8月
三坝
$y=0.9622x+1.3163$
$R^2=0.959$
40
30
20
20
30
40
蓬安
9月
三坝
$y=0.9155x+2.1644$
$R^2=0.9656$
40
30
20
10
10
20
30
40
蓬安
10月
三坝
$y=0.9178x+1.4663$
$R^2=0.9921$
25
20
15
10
10
15
20
25
蓬安
11月
三坝
$y=0.8598x+1.8604$
$R^2=0.9754$
20
15
10
10
15
20
蓬安
12月
三坝
$y=0.9889x-0.081$
$R^2=0.985$
15
10
5
0
0
5
10
15
蓬安

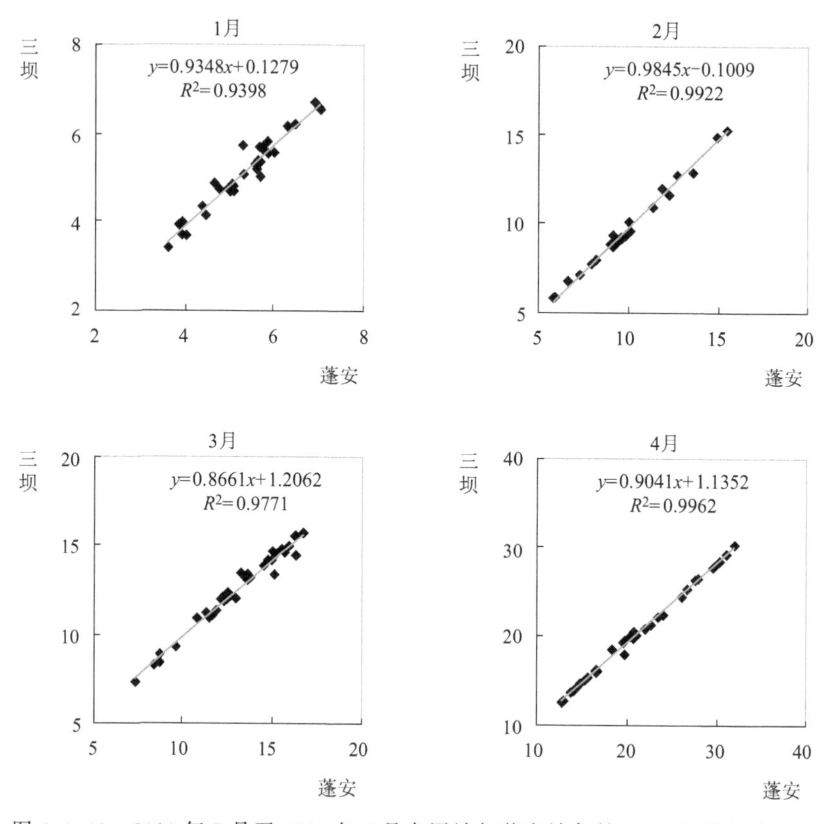

图 4.4.49　2010 年 5 月至 2011 年 4 月专用站与蓬安站各月 5 cm 地温相关性图

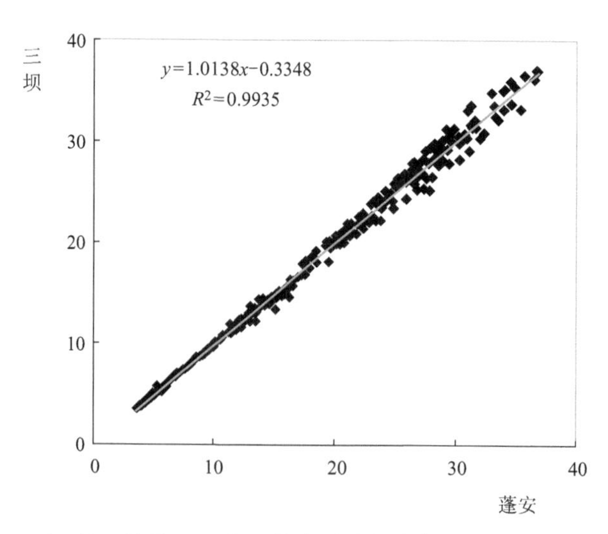

图 4.4.50　2010 年 5 月至 2011 年 4 月专用站与蓬安站全年 5 cm 地温相关性图

4.4.9.3 10 cm 地温

(1)差值分析

根据表 4.4.28 和图 4.4.51 分析,蓬安站与专用站逐月平均 10 cm 地温变化趋势一致,蓬安站与专用站差值 0～1.4 ℃。

表 4.4.28 2010 年 5 月至 2011 年 4 月专用站与蓬安站平均 10 cm 地温差值表(℃)

月份	5	6	7	8	9	10	11	12	1	2	3	4
三坝	21.8	25.3	29.2	29.6	26.1	19.6	14.9	9.0	5.5	9.4	12.5	19.6
蓬安	21.5	24.7	27.8	29.1	26.0	19.6	15.1	9.3	5.9	9.7	13.0	20.2
差值	−0.3	−0.6	−1.4	−0.5	−0.1	0	0.2	0.3	0.4	0.3	0.5	0.6

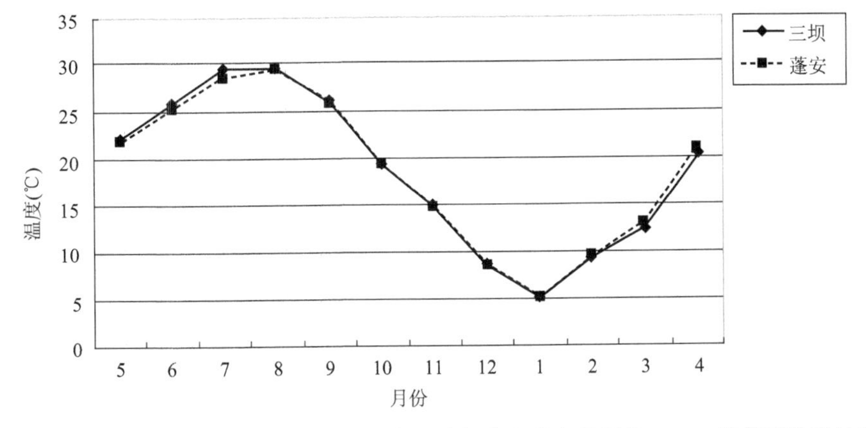

图 4.4.51 2010 年 5 月至 2011 年 4 月专用站与蓬安站各月平均 10 cm 地温变化对比图

(2)相关性分析

专用站与蓬安站 10 cm 地温的相关系数见表 4.4.29,2010 年 5 月至 2011 年 4 月专用站与蓬安站各月 10 cm 地温的相关性见图 4.4.52,2010 年 5 月至 2011 年 4 月专用站与蓬安站年 10 cm 地温的相关性见图 4.4.53。从图表可见总体相关性较好,所有月份相关系数均高于 0.973。

表 4.4.29 2010 年 5 月至 2011 年 4 月专用站与蓬安站 10 cm 地温的相关系数($y=ax+b$)

月	5	6	7	8	9	10	11	12	1	2	3	4	年
a	0.8618	0.9709	1.0115	0.9587	0.9012	0.9428	0.9007	1.0019	0.9642	1.0100	0.8915	0.9345	1.0389
b	3.2275	1.3298	1.0683	1.7282	2.7273	1.0361	1.2799	−0.3068	−0.1667	−0.4017	0.9425	0.7226	−0.6688
R	0.9897	0.9780	0.9798	0.9833	0.9780	0.9960	0.9908	0.9951	0.9736	0.9974	0.9901	0.9986	0.9969

4.4.9.4 15 cm 地温

(1)差值分析

根据表 4.4.30 和图 4.4.54 分析,蓬安站与专用站逐月平均 15 cm 地温变化趋势一致,蓬安站与专用站差值 0.5～2.3 ℃。

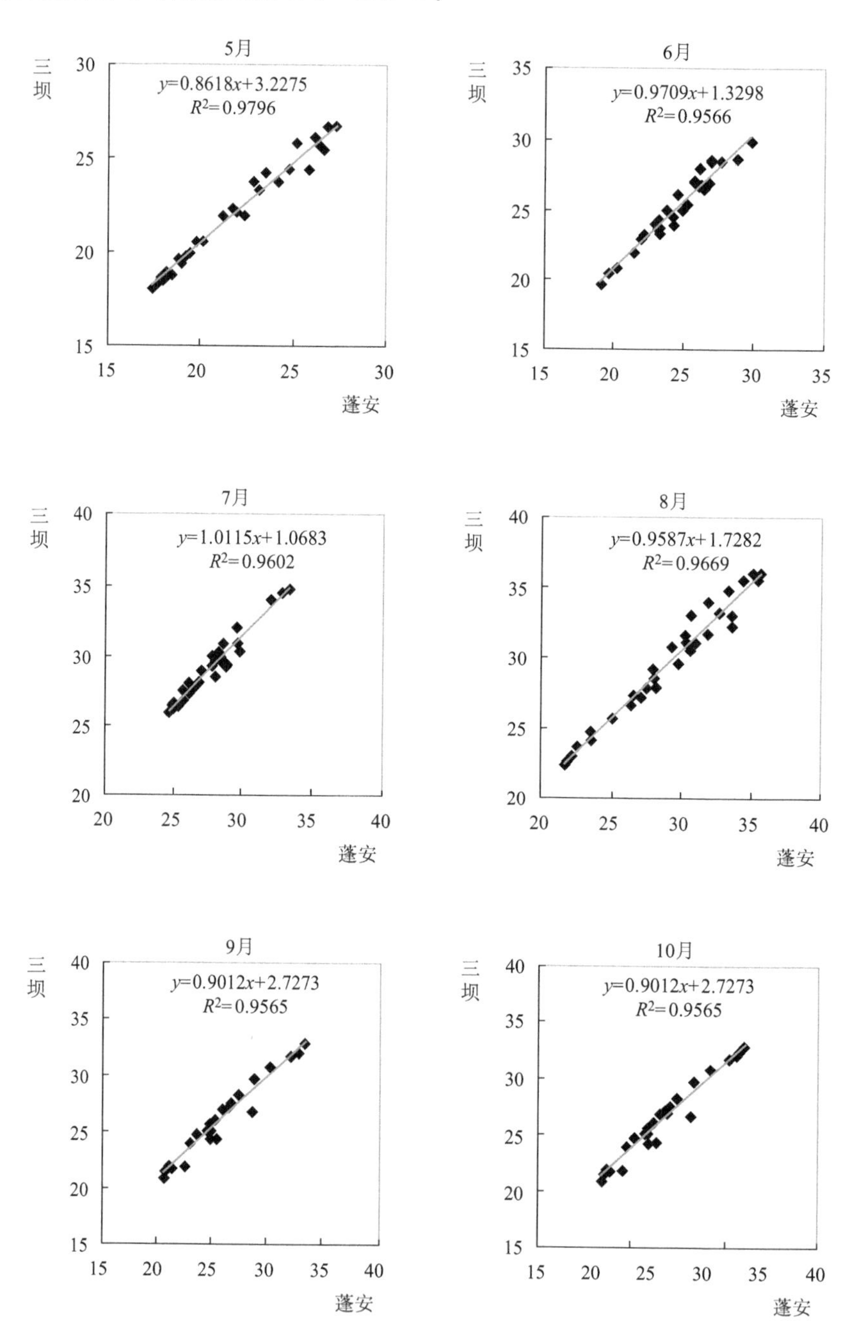

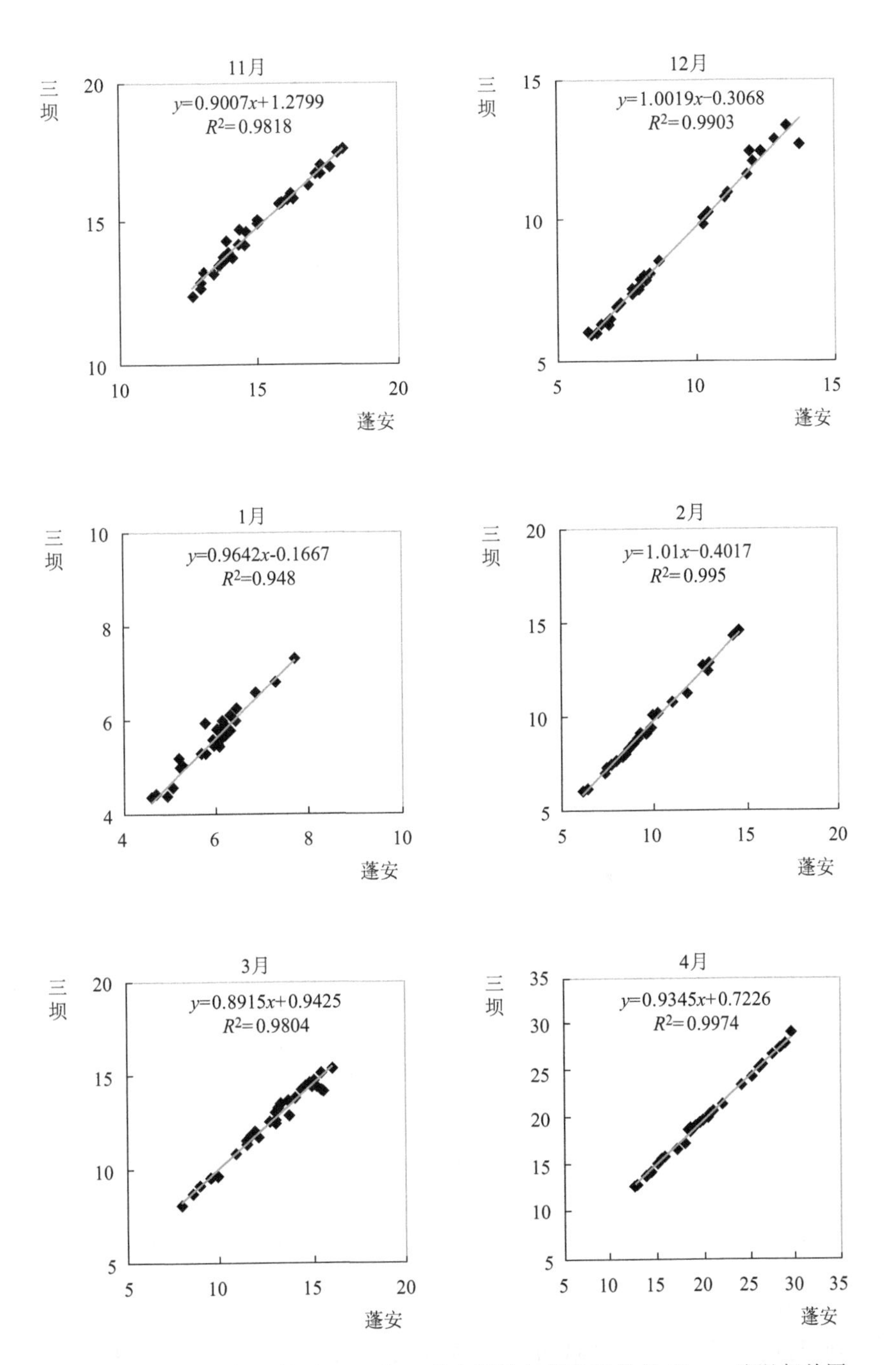

图 4.4.52　2010 年 5 月至 2011 年 4 月专用站与蓬安站各月 10 cm 地温相关图

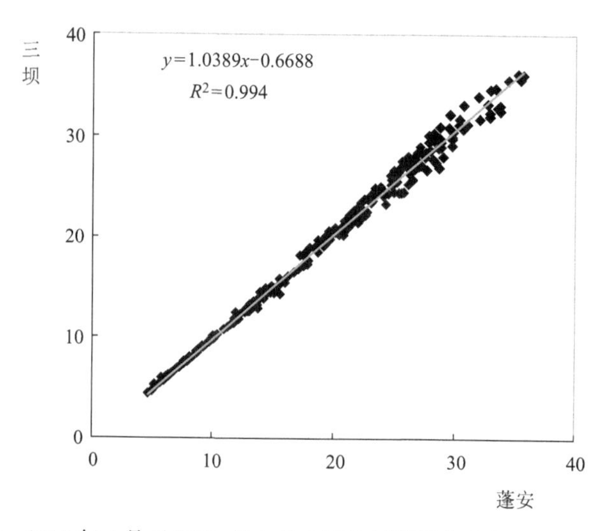

图 4.4.53　2010 年 5 月至 2011 年 4 月专用站与蓬安站全年 10 cm 地温相关图

表 4.4.30　2010 年 5 月至 2011 年 4 月专用站与蓬安站平均 15 cm 地温差值表(℃)

月份	5	6	7	8	9	10	11	12	1	2	3	4
三坝	21.6	25.1	28.9	29.6	26.2	19.9	15.2	9.6	6.0	9.5	12.6	19.2
蓬安	20.7	23.6	26.6	28.0	25.6	20.4	16.0	10.6	7.1	10.5	13.6	20.2
差值	−0.9	−1.5	−2.3	−1.6	−0.6	0.5	0.8	1.0	1.1	1.0	1.0	1.0

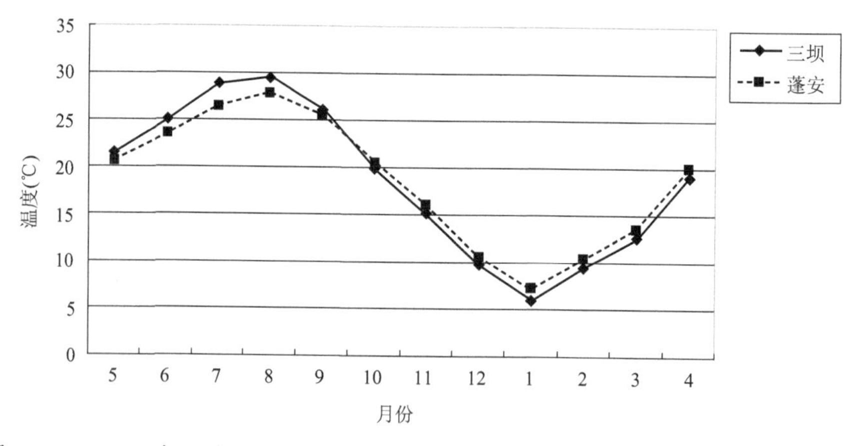

图 4.4.54　2010 年 5 月至 2011 年 4 月专用站与蓬安站各月平均 15 cm 地温变化对比图

(2)相关性分析

专用站与蓬安站 15 cm 地温的相关系数见表 4.4.31，2010 年 5 月至 2011 年 4 月专用站与蓬安站各月 15 cm 地温的相关性见图 4.4.55，年 15 cm 地温的相关性见图 4.4.56。从图表可见总体相关性较好，相关系数最低的是 2010 年 9 月的 0.9403，其余月份均高于 0.97。综合分析得出:蓬安站 15 cm 地温基本具备代表性。

表 4.4.31　2010 年 5 月至 2011 年 4 月三坝厂址与蓬安站 15 cm 地温的相关系数($y=ax+b$)

月	5	6	7	8	9	10	11	12	1	2	3	4	年
a	0.8977	1.0405	1.0587	0.9972	0.8538	0.9866	0.9294	1.0173	0.9653	1.0304	0.9133	0.9610	1.1265
b	3.0475	0.4702	0.7193	1.6205	4.2989	−0.2585	0.3256	−1.2005	−0.9264	−1.3394	0.1380	−0.2011	−2.3312
R	0.9897	0.9794	0.9817	0.9850	0.9403	0.9946	0.9915	0.9961	0.9800	0.9976	0.9908	0.9986	0.9935

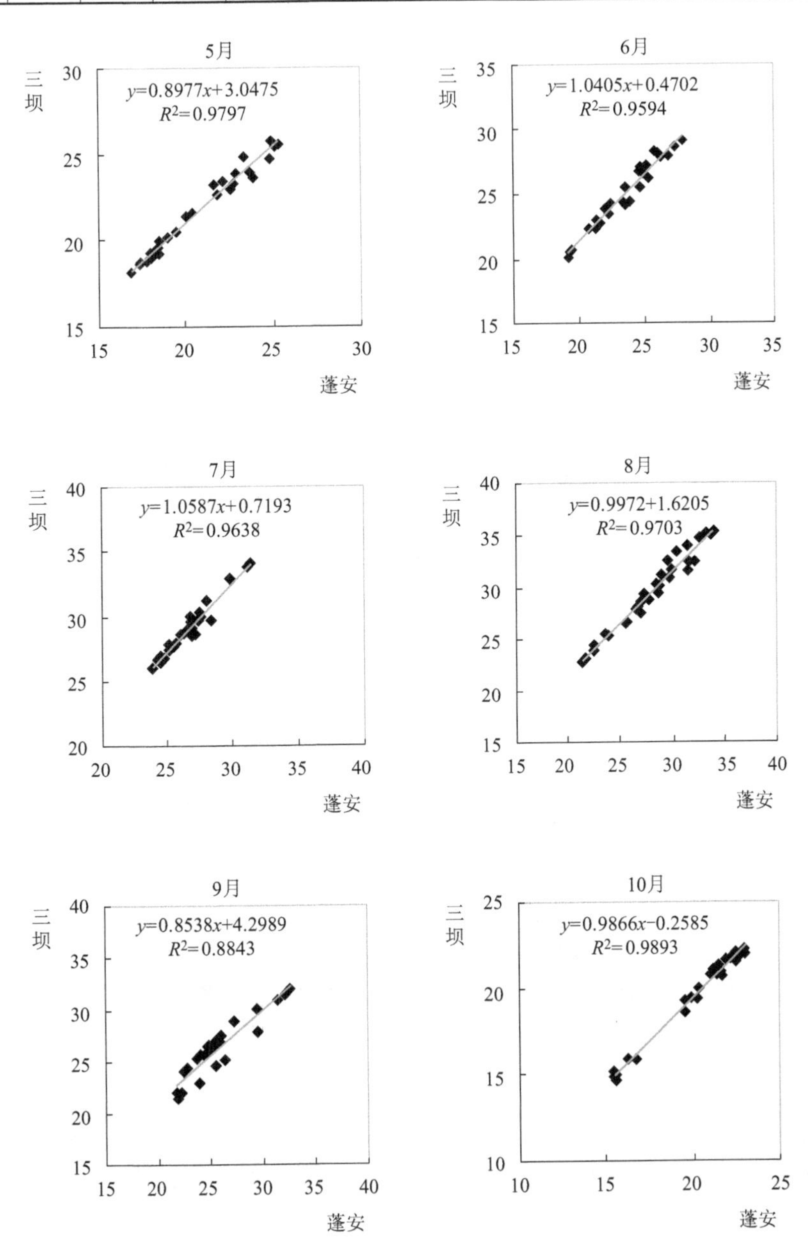

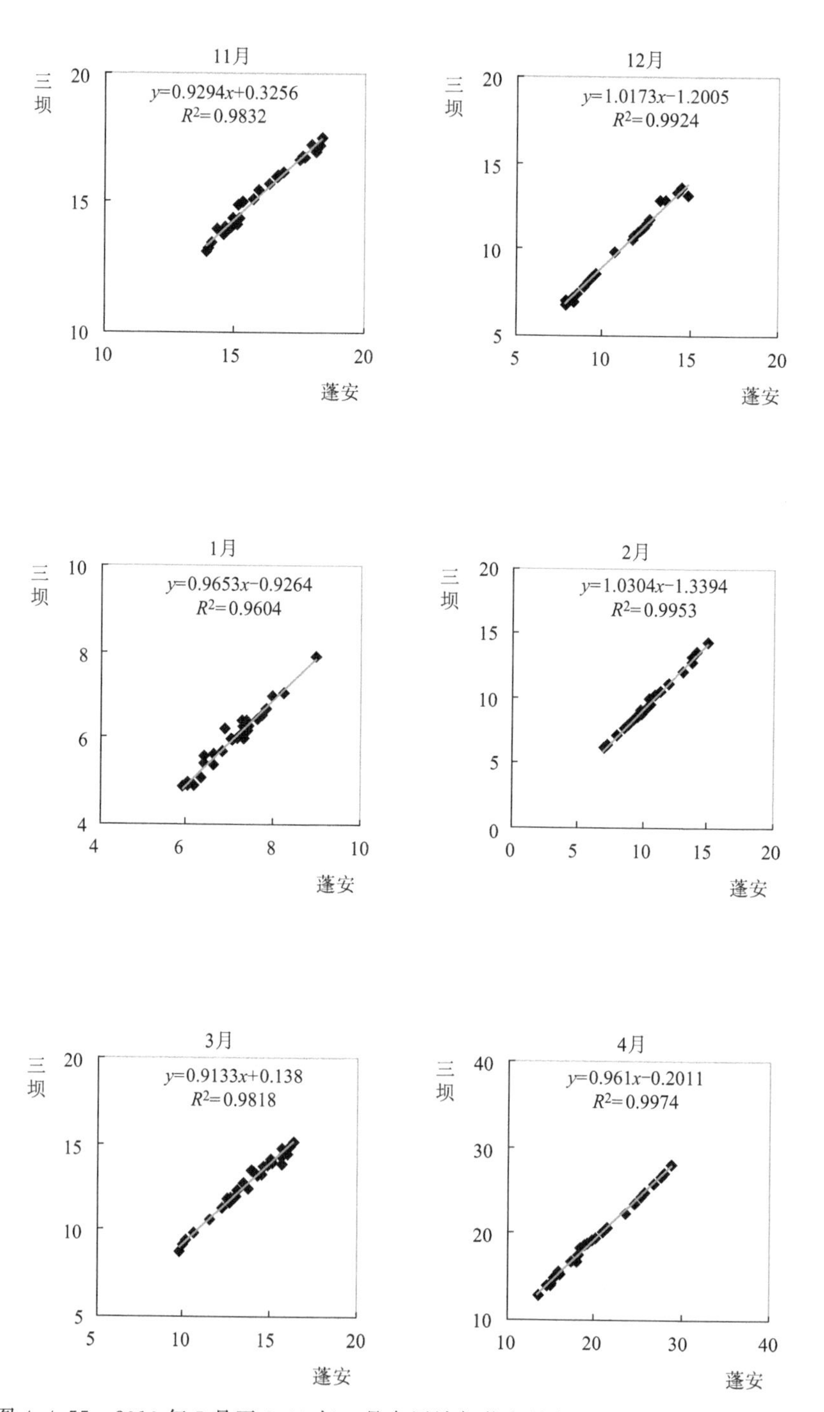

图 4.4.55　2010 年 5 月至 2011 年 4 月专用站与蓬安站各月 15 cm 地温相关性图

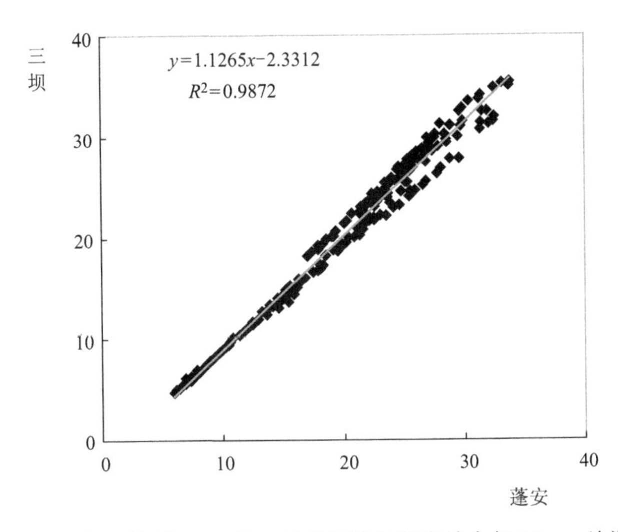

图 4.4.56　2010 年 5 月至 2011 年 4 月专用站与蓬安站全年 15 cm 地温相关性图

4.4.9.5　20 cm 地温

(1)差值分析

根据表 4.4.32 和图 4.4.57 分析,蓬安站与专用站逐月平均 20 cm 地温变化趋势一致,蓬安站与专用站差值 0.5～1.8 ℃。

表 4.4.32　2010 年 5 月至 2011 年 4 月专用站与蓬安站平均 20 cm 地温差值表(℃)

月份	5	6	7	8	9	10	11	12	1	2	3	4
三坝	21.3	24.7	28.5	29.4	26.1	20.1	15.5	10.0	6.3	9.4	12.5	18.8
蓬安	20.8	23.7	26.7	28.0	25.6	20.7	16.3	11.0	7.5	10.4	13.5	19.5
差值	−0.5	−1.0	−1.8	−1.4	−0.5	0.6	0.8	1.0	1.2	1.0	1.0	0.7

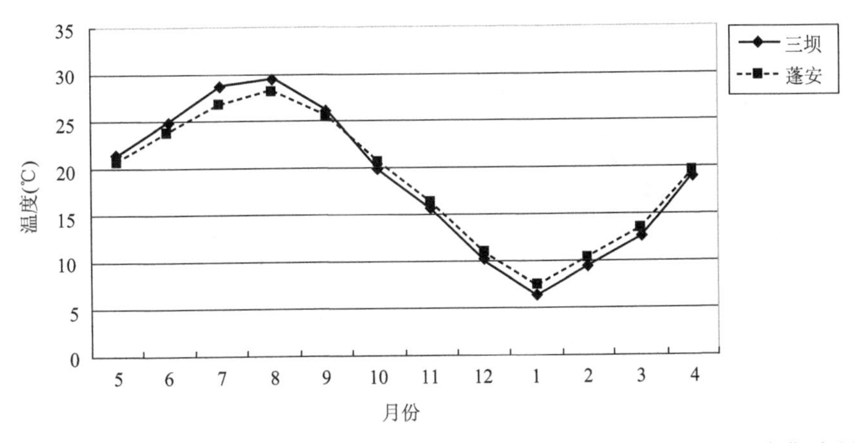

图 4.4.57　2010 年 5 月至 2011 年 4 月专用站与蓬安站各月平均 20 cm 地温变化对比图

(2)相关性分析

专用站与蓬安站 20 cm 地温的相关系数见表 4.4.32,2010 年 5 月至 2011 年 4 月专用站与蓬安站各月 20 cm 地温的相关性见图 4.4.58,年 20 cm 地温的相关性见图 4.4.59。从图表可见总体相关性较好,相关系数最低的是 2010 年 9 月的 0.9322,其余月份均高于 0.98。

表 4.4.32　2010 年 5 月至 2011 年 4 月专用站与蓬安站 20 cm 地温的相关系数($Y=ax+b$)

月	5	6	7	8	9	10	11	12	1	2	3	4	年
a	0.8787	1.0546	1.0976	1.0102	0.8455	1.0027	0.9355	1.0101	0.9622	1.0390	0.9288	0.9979	1.1213
b	3.0600	−0.2489	−0.7699	1.1572	4.4380	−0.6638	0.1980	−1.1712	−0.9096	−1.4004	0.0026	−0.6954	−2.3455
R	0.9867	0.9830	0.9823	0.9872	0.9322	0.9930	0.9923	0.9968	0.9834	0.9976	0.9917	0.9982	0.9954

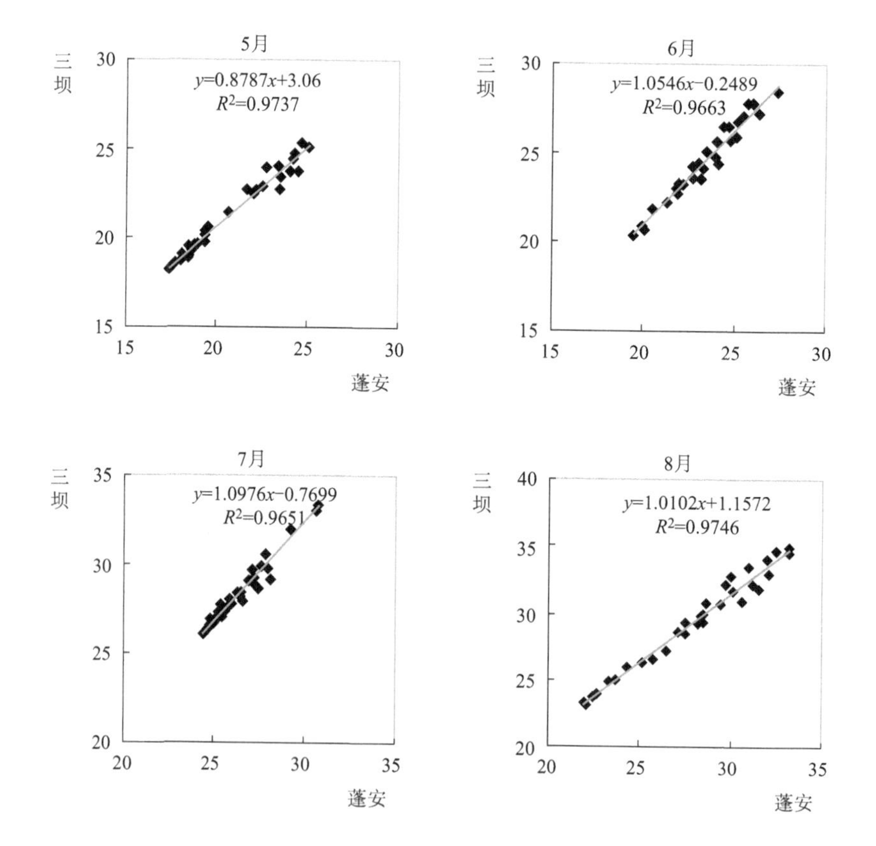

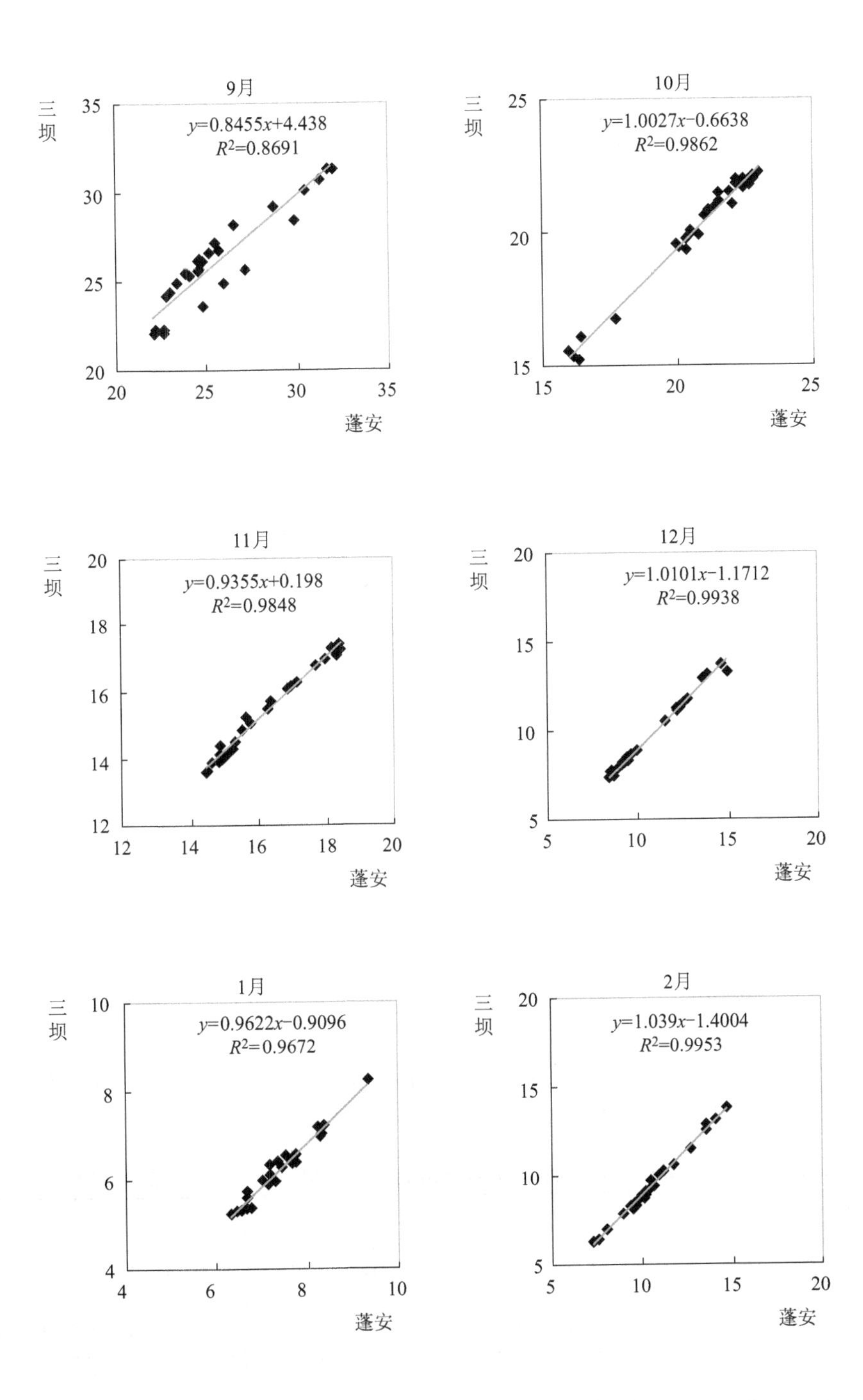
9月
三坝
y=0.8455x+4.438
R^2=0.8691
蓬安
10月
y=1.0027x−0.6638
R^2=0.9862
11月
y=0.9355x+0.198
R^2=0.9848
12月
y=1.0101x−1.1712
R^2=0.9938
1月
y=0.9622x−0.9096
R^2=0.9672
2月
y=1.039x−1.4004
R^2=0.9953

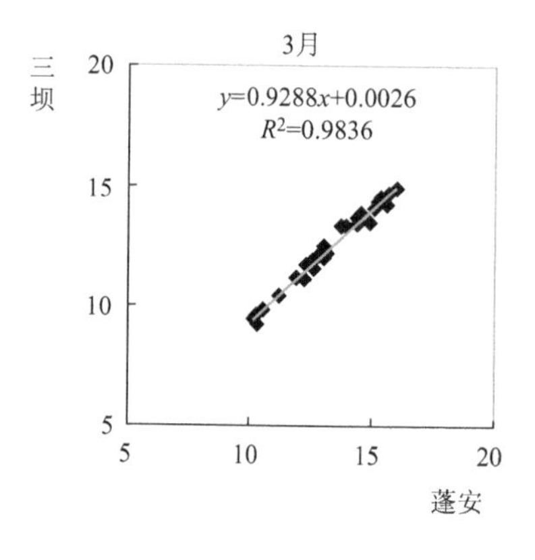

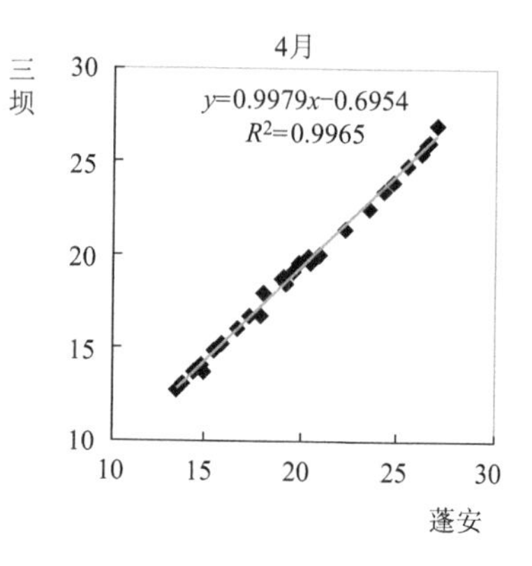

图 4.4.58　2010 年 5 月至 2011 年 4 月专用站与蓬安站各月 20 cm 地温相关性图

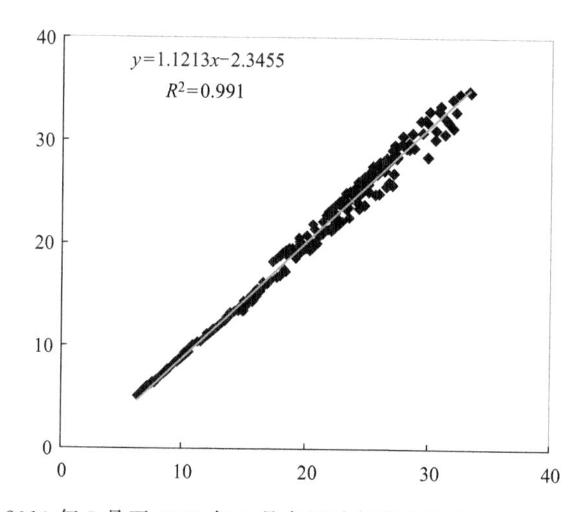

图 4.4.59　2010 年 5 月至 2011 年 4 月专用站与蓬安站全年 20 cm 地温相关性图

4.4.9.6　40 cm 地温

（1）差值分析

根据表 4.4.33 和图 4.4.60 分析，蓬安站与专用站逐月平均 40 cm 地温变化趋势一致，蓬安站与专用站差值 0.1～1.4 ℃。

表 4.4.33　2010 年 5 月至 2011 年 4 月专用站与蓬安站平均 40 cm 地温差值表(℃)

月份	5	6	7	8	9	10	11	12	1	2	3	4
三坝	19.9	23.0	26.4	27.6	25.1	21.0	16.8	12.4	8.5	9.9	12.5	16.7
蓬安	21.3	24.2	27.7	29.0	26.4	21.2	16.9	12.9	9.2	10.4	12.9	17.9
差值	1.4	1.2	1.3	1.4	1.3	0.2	0.1	0.5	0.7	0.5	0.4	1.2

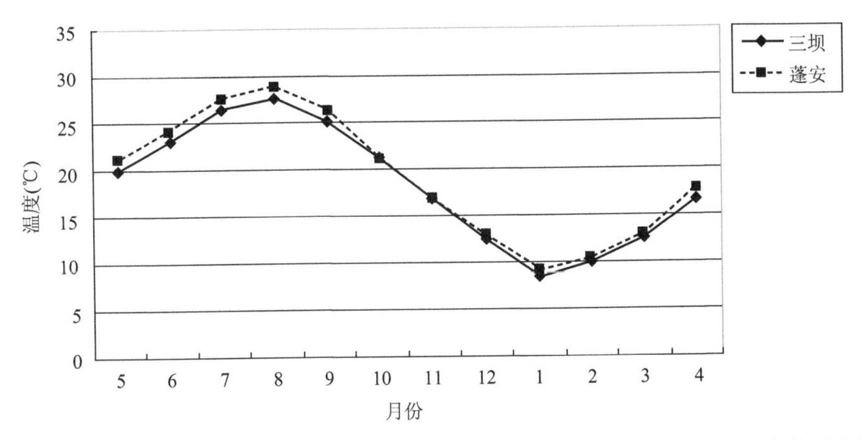

图4.4.60 2010年5月至2011年4月专用站与蓬安站各月平均40 cm地温变化对比图

(2)相关性分析

专用站与蓬安站40 cm地温的相关系数见表4.4.34,2010年5月至2011年4月专用站与蓬安站各月40 cm地温的相关性见图4.4.61,年40 cm地温的相关性见图4.4.62。从图表可见总体相关性较好,相关系数最低的是2010年5月的0.9586,其余月份均高于0.96。

表4.4.34 2010年5月至2011年4月专用站与蓬安站40 cm地温的相关系数($y=ax+b$)

月	5	6	7	8	9	10	11	12	1	2	3	4	年
a	0.7837	0.9508	0.8987	0.6455	0.5236	0.7886	1.0022	1.0498	1.0044	0.9989	0.7028	0.7225	0.9411
b	3.1746	0.0118	1.4909	8.9380	11.2750	4.3538	−0.1884	−1.1353	−0.7407	−0.5708	3.4500	3.7256	0.2779
R	0.9586	0.9866	0.9767	0.9839	0.9633	0.9812	0.9633	0.9875	0.9966	0.9924	0.9768	0.9936	0.9954

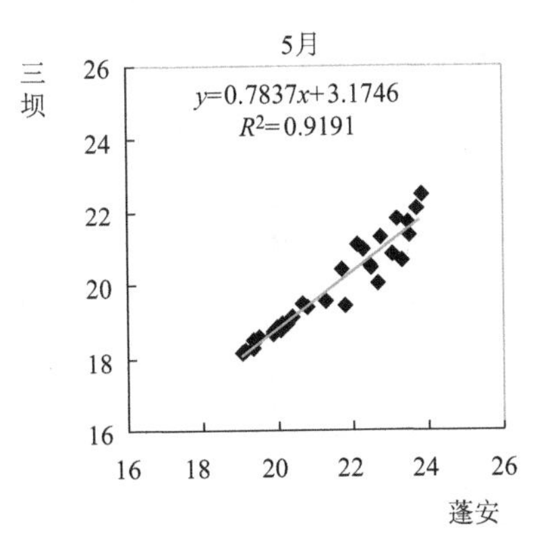

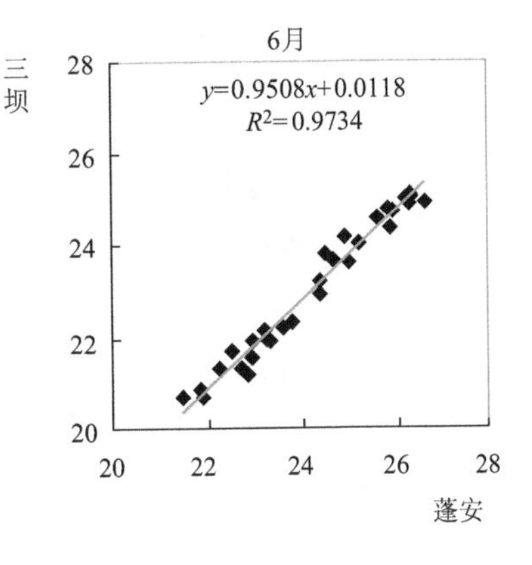

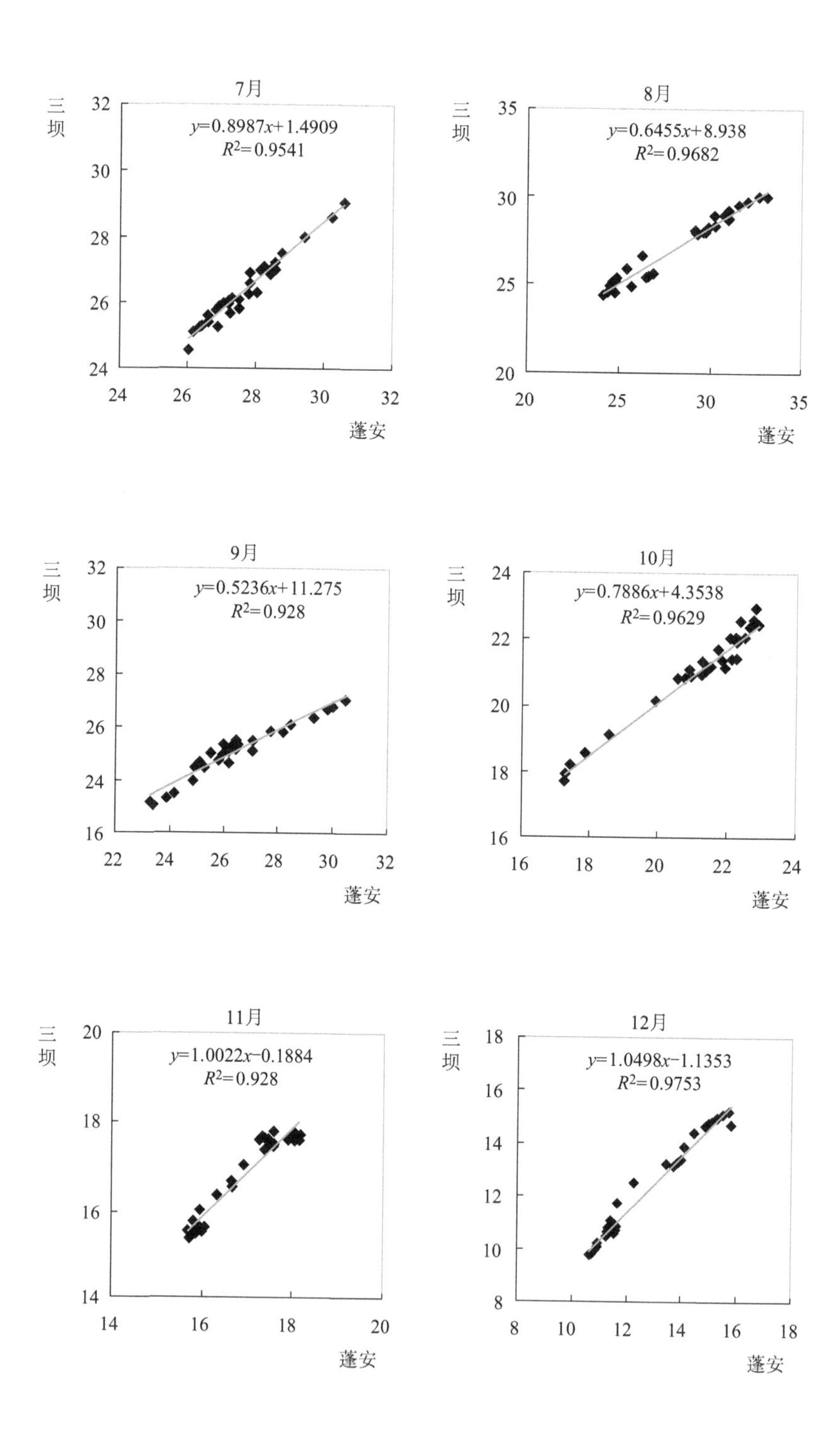
7月
三坝
y=0.8987x+1.4909
R^2=0.9541
蓬安
8月
三坝
y=0.6455x+8.938
R^2=0.9682
蓬安
9月
三坝
y=0.5236x+11.275
R^2=0.928
蓬安
10月
三坝
y=0.7886x+4.3538
R^2=0.9629
蓬安
11月
三坝
y=1.0022x−0.1884
R^2=0.928
蓬安
12月
三坝
y=1.0498x−1.1353
R^2=0.9753
蓬安

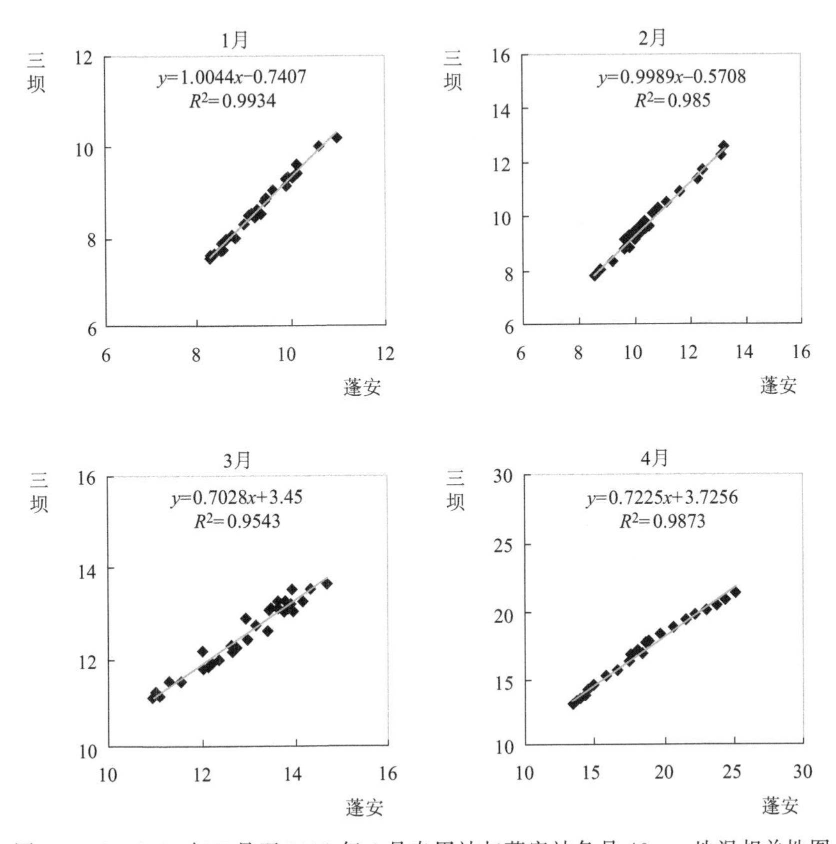

图4.4.61　2010年5月至2011年4月专用站与蓬安站各月40 cm地温相关性图

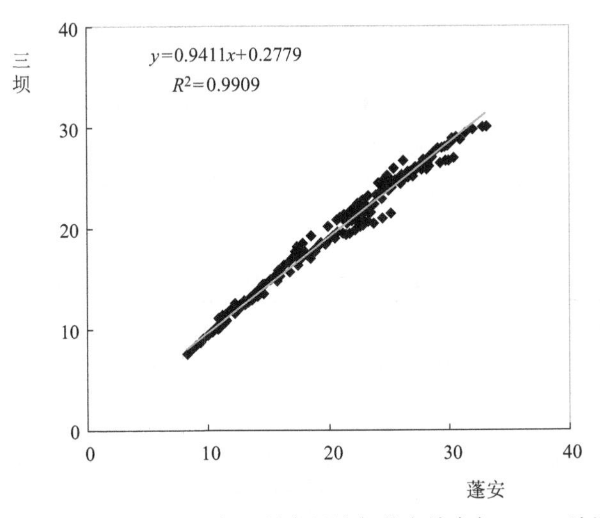

图4.4.62　2010年5月至2011年4月专用站与蓬安站全年40 cm地温相关性图

4.9.7 80 cm 地温

(1)差值分析

根据表 4.4.35 和图 4.4.63 分析，蓬安站与专用站逐月平均 80 cm 地温变化趋势一致，蓬安站与专用站差值 0.1～0.9 ℃。

表 4.4.35 2010 年 5 月至 2011 年 4 月专用站与蓬安站平均 80 cm 地温差值表(℃)

月份	5	6	7	8	9	10	11	12	1	2	3	4
三坝	18.5	21.5	24.5	26.7	24.9	22.0	18.1	14.5	10.6	10.4	12.7	15.3
蓬安	19.4	22.0	25.2	27.1	25.2	21.3	17.2	14.0	10.5	10.2	12.2	15.1
差值	0.9	0.5	0.7	0.4	0.3	−0.7	−0.9	−0.5	−0.1	−0.2	−0.5	−0.2

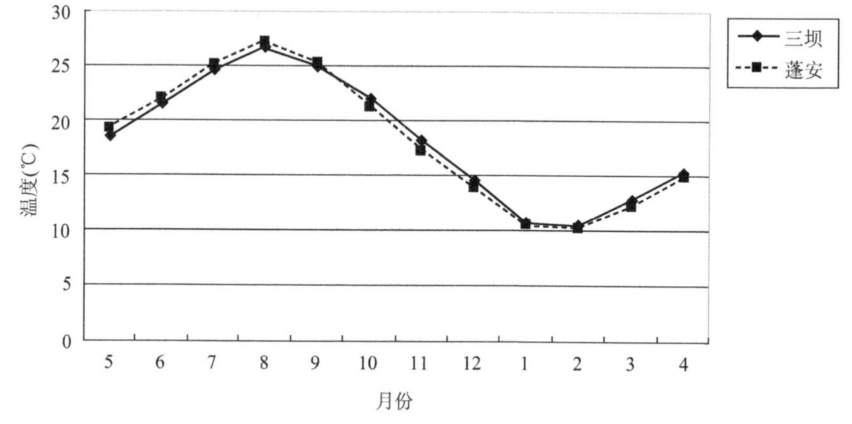

图 4.4.63 2010 年 5 月至 2011 年 4 月专用站与蓬安站各月平均 80 cm 地温变化对比图

(2)相关性分析

专用站与蓬安站 80 cm 地温的相关系数见表 4.4.36，2010 年 5 月至 2011 年 4 月专用站与蓬安站各月 80 cm 地温的相关性见图 4.4.64，月 80 cm 地温的相关性见图 4.4.65。从图表可见总体相关性较好，相关系数最低的是 2010 年 5 月的 0.8904，其余月份均高于 0.93。

表 4.4.36 2010 年 5 月至 2011 年 4 月专用站与蓬安站 80 cm 地温的相关系数($y=ax+b$)

月	5	6	7	8	9	10	11	12	1	2	3	4	年
a	0.8989	1.0348	0.9480	0.6043	0.4798	0.8597	1.0652	1.0642	1.0795	1.0771	0.7951	0.8028	0.9418
b	1.1211	−1.2734	0.6388	10.2670	12.8140	3.6553	−0.1919	−0.4033	−0.6605	−0.5364	2.9607	3.1460	1.0963
R	0.8904	0.9971	0.9803	0.9745	0.9363	0.9907	0.9874	0.9948	0.9993	0.9939	0.9584	0.9960	0.9953

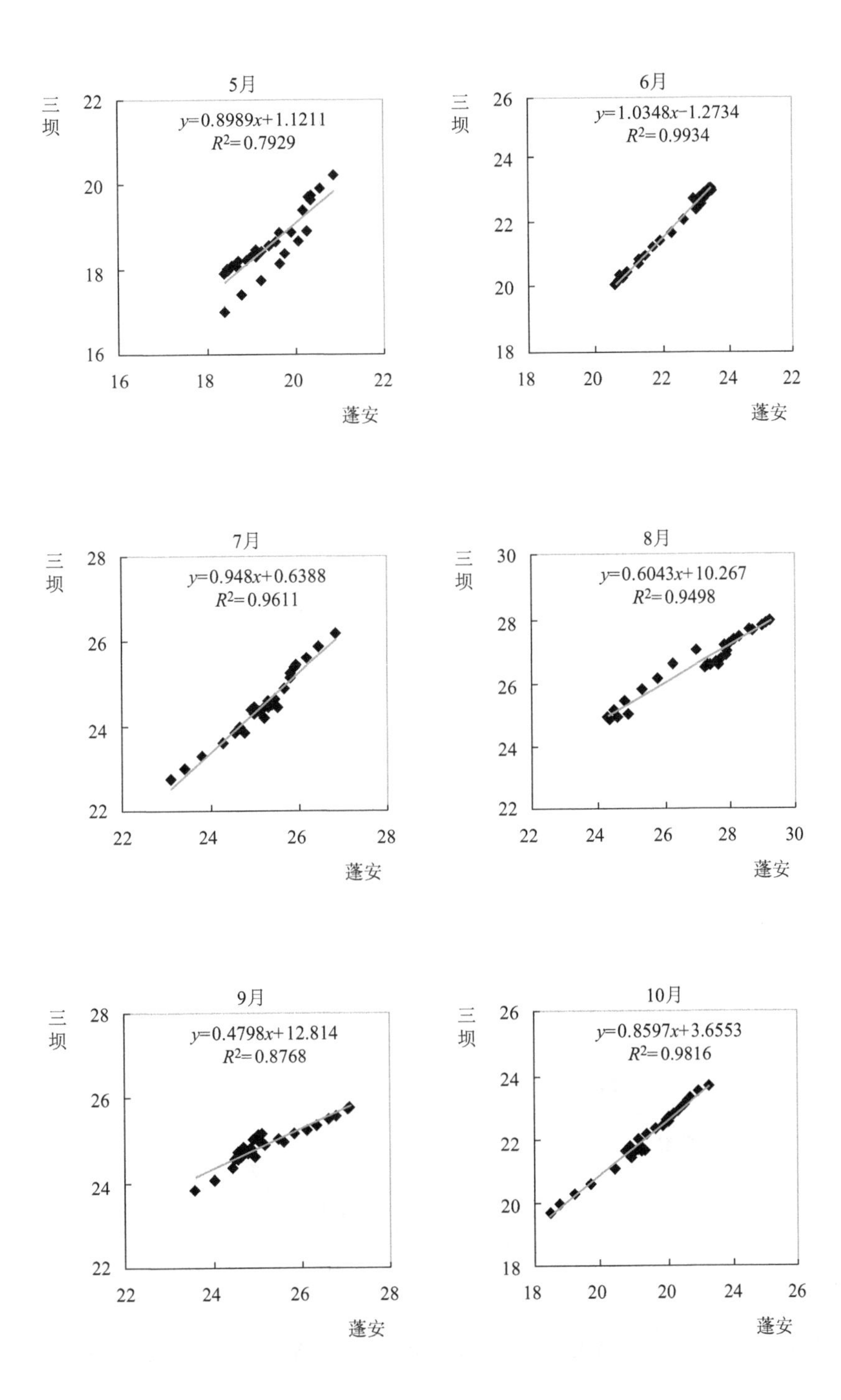
5月
三坝
y=0.8989x+1.1211
R²=0.7929
蓬安
6月
三坝
y=1.0348x-1.2734
R²=0.9934
蓬安
7月
三坝
y=0.948x+0.6388
R²=0.9611
蓬安
8月
三坝
y=0.6043x+10.267
R²=0.9498
蓬安
9月
三坝
y=0.4798x+12.814
R²=0.8768
蓬安
10月
三坝
y=0.8597x+3.6553
R²=0.9816
蓬安

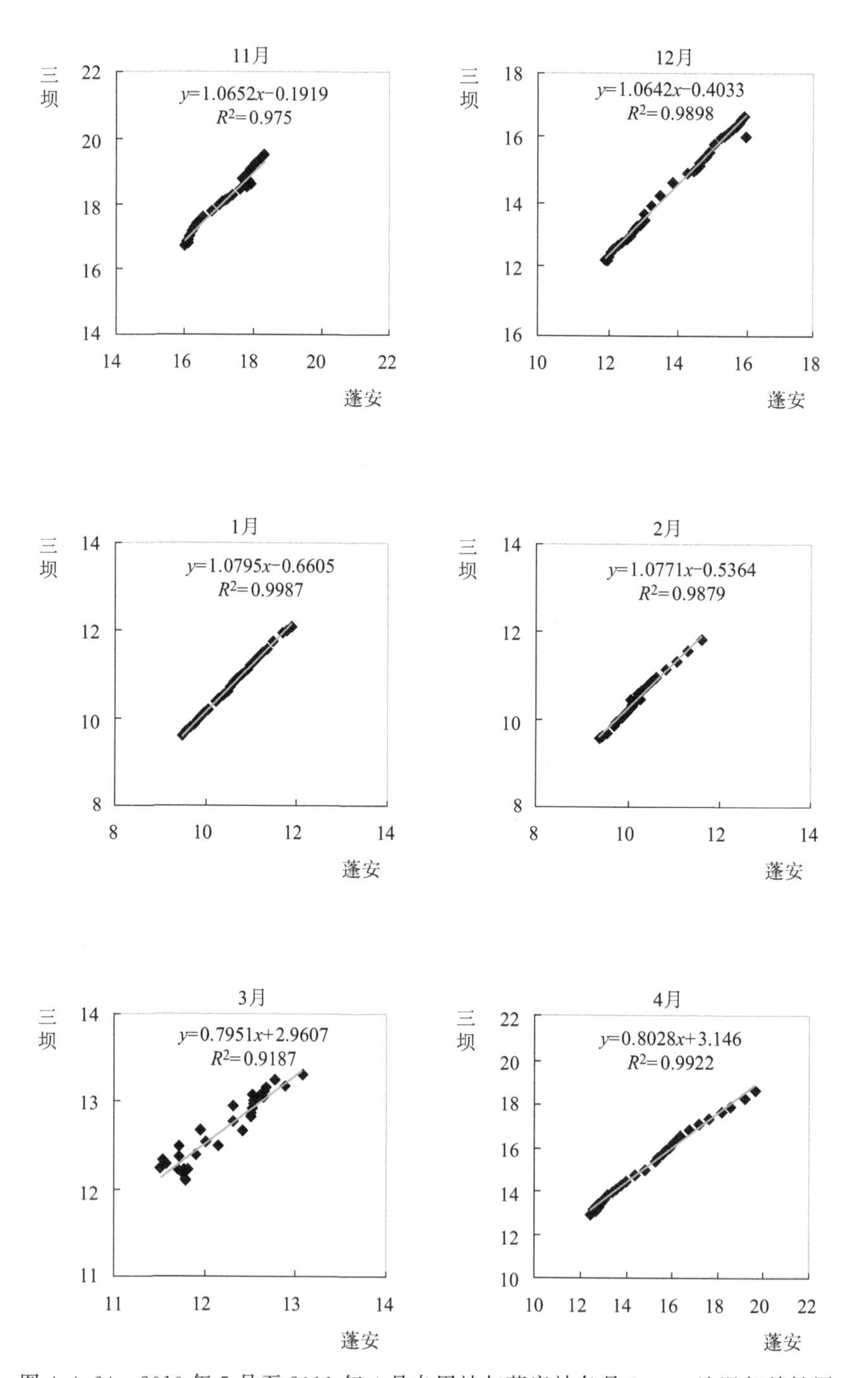

图 4.4.64　2010 年 5 月至 2011 年 4 月专用站与蓬安站各月 80 cm 地温相关性图

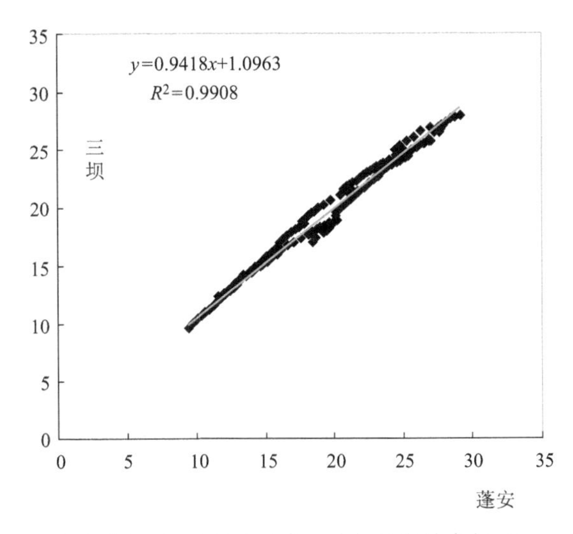

图 4.4.65　2010 年 5 月至 2011 年 4 月专用站与蓬安站全年 80 cm 地温相关性图

4.4.9.8　160 cm 地温

(1)差值分析

根据表 4.4.37 和图 4.4.66 分析，蓬安站与专用站逐月平均 160 cm 地温变化趋势一致，蓬安站与专用站差值 0.4～1.8 ℃。

表 4.4.37　2010 年 5 月至 2011 年 4 月专用站与蓬安站平均 160 cm 地温差值表(℃)

月份	5	6	7	8	9	10	11	12	1	2	3	4
三坝	16.9	19.2	21.8	24.2	23.8	22.5	19.9	17.2	14.0	12.4	13.3	14.5
蓬安	16.0	17.8	20.4	22.8	23.3	23.1	20.3	17.6	15.1	14.1	15.1	15.9
差值	−0.9	−1.4	−1.4	−1.4	−0.5	0.6	0.4	0.4	1.1	1.7	1.8	1.4

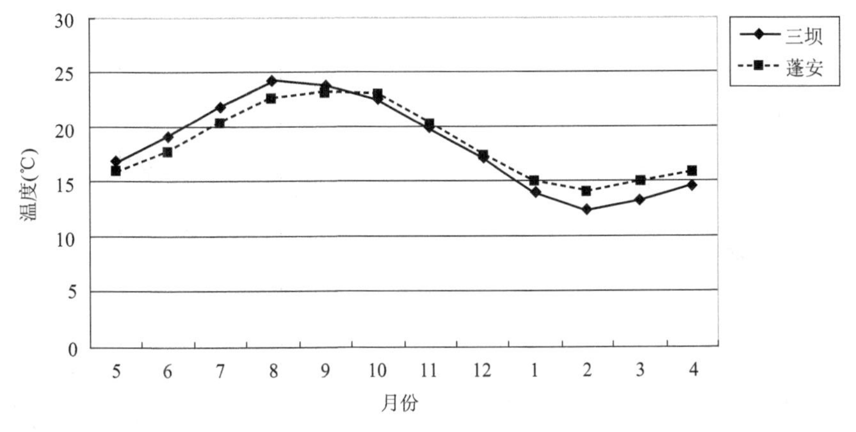

图 4.4.66　2010 年 5 月至 2011 年 4 月专用站与蓬安站各月平均 160 cm 地温变化对比图

(2)相关性分析

专用站与蓬安站 160 cm 地温的相关系数见表 4.4.38,2010 年 5 月至 2011 年 4 月专用站与蓬安站各月 160 cm 地温的相关性见图 4.4.67,年 160 cm 地温的相关性见图 4.4.68。从图表可见 2010 年 9 月和 2011 年 2 月相关系数仅为 0.1763 和 0.1984。其余月份相关性较好,相关系数均高于 0.98。

表 4.4.38 2010 年 5 月至 2011 年 4 月专用站与蓬安站 160 cm 地温的相关系数($y=ax+b$)

月	5	6	7	8	9	10	11	12	1	2	3	4	年
a	1.3499	1.1615	0.9059	0.8155	−0.0159	0.8879	1.0093	1.0707	1.3124	0.1434	1.1548	1.1321	1.1780
b	−4.7381	−1.5085	3.2805	5.5564	24.2040	1.9476	−0.5795	−1.6725	−5.8433	10.3890	−4.0697	−3.5865	−3.4513
R	0.9839	0.9990	0.9878	0.9023	0.1763	0.9958	0.9962	0.9839	0.9992	0.1984	0.9884	0.9992	0.9633

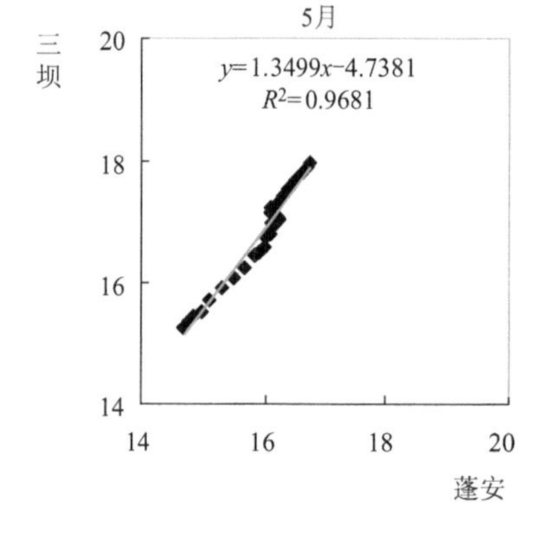

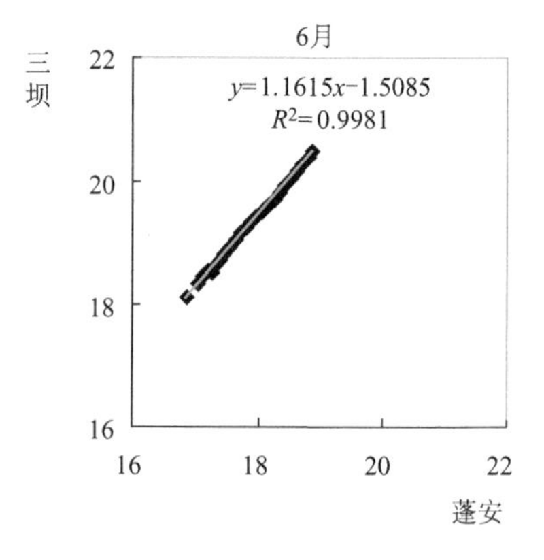

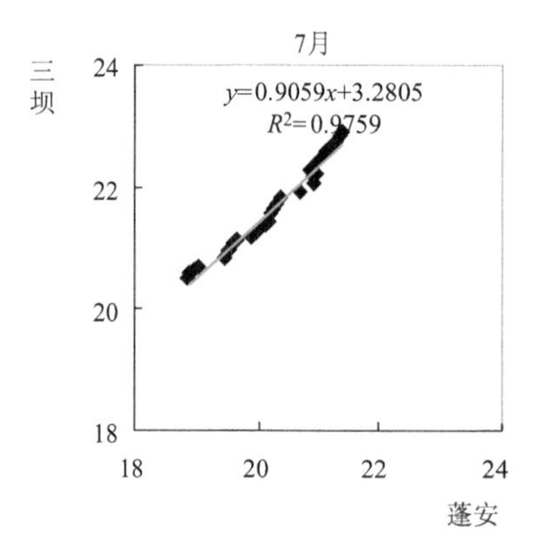

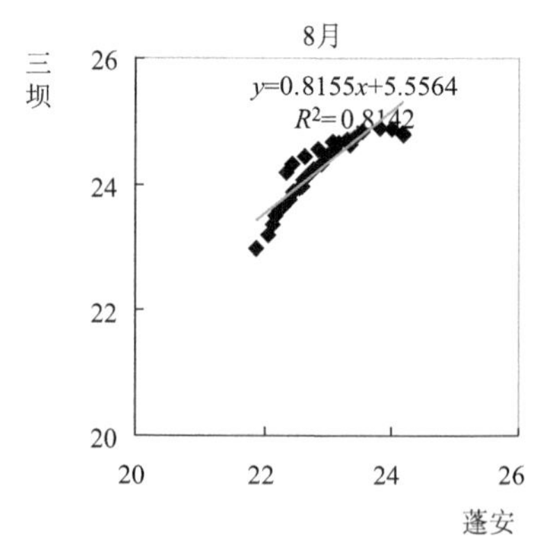

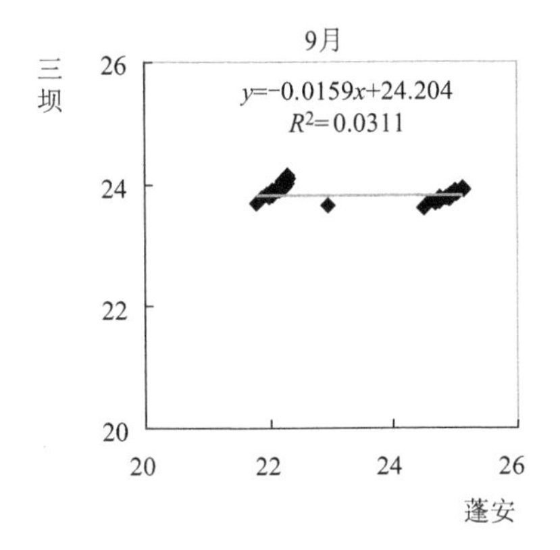
9月
三坝
蓬安
y=-0.0159x+24.204
R2=0.0311
26
24
22
20
20
22
24
26

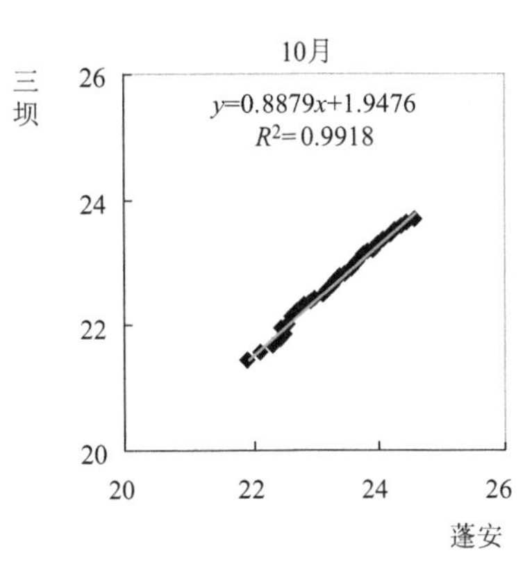
10月
三坝
蓬安
y=0.8879x+1.9476
R2=0.9918
26
24
22
20
20
22
24
26

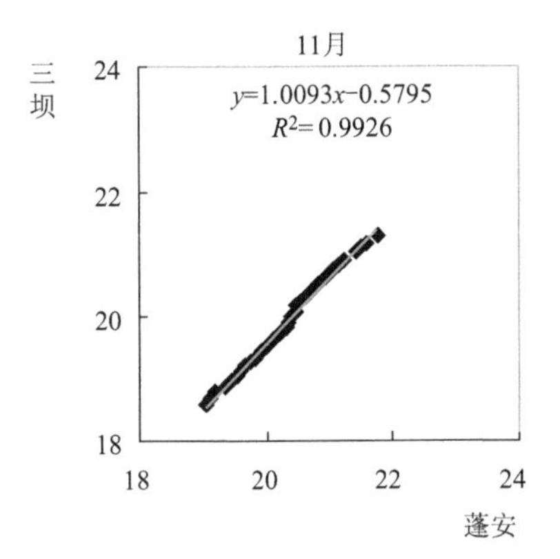
11月
三坝
蓬安
y=1.0093x-0.5795
R2=0.9926
24
22
20
18
18
20
22
24

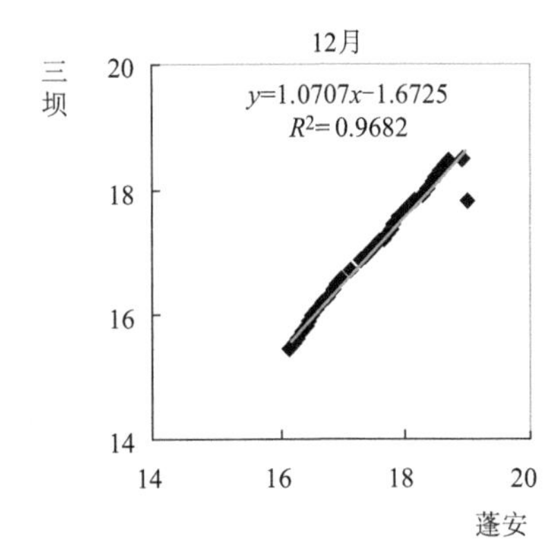
12月
三坝
蓬安
y=1.0707x-1.6725
R2=0.9682
20
18
16
14
14
16
18
20

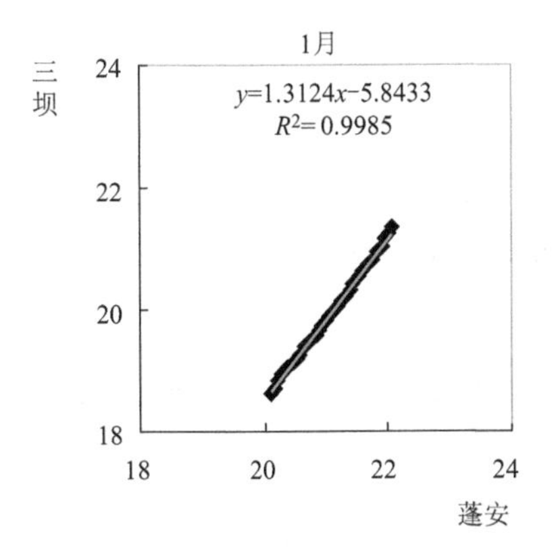
1月
三坝
蓬安
y=1.3124x-5.8433
R2=0.9985
24
22
20
18
18
20
22
24

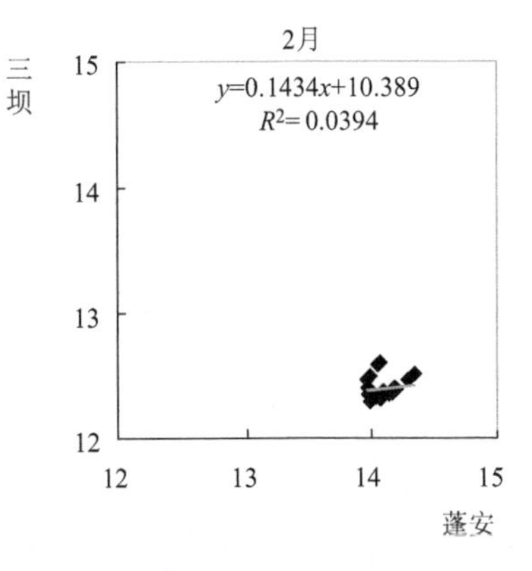
2月
三坝
蓬安
y=0.1434x+10.389
R2=0.0394
15
14
13
12
12
13
14
15

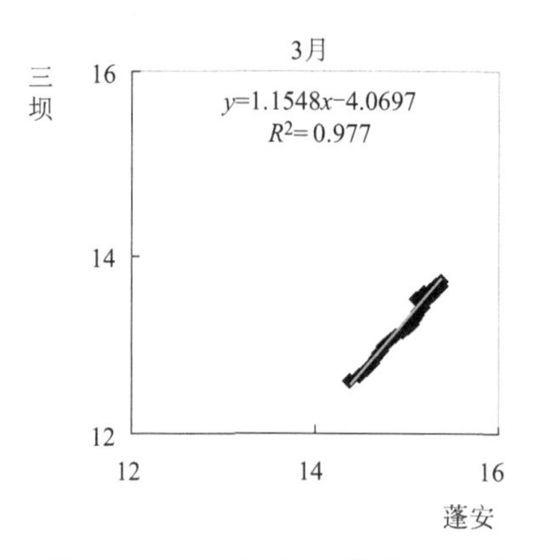

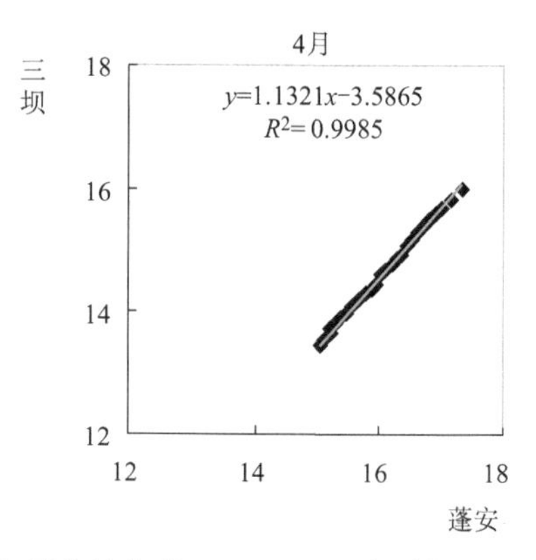

图 4.4.67 2010 年 5 月至 2011 年 4 月专用站与蓬安站各月 160 cm 地温相关性图

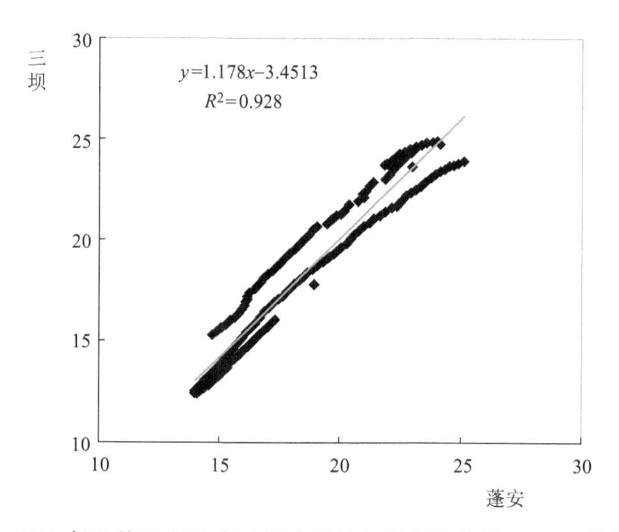

图 4.4.68 2010 年 5 月至 2011 年 4 月专用站与蓬安站全年 160 cm 地温相关性图

4.4.9.9 320 cm 地温

(1)差值分析

根据表 4.4.39 和图 4.4.69 分析,蓬安站与专用站逐月平均 320 cm 地温变化趋势一致,蓬安站与专用站差值 0.2～1.4 ℃。

表 4.4.39 2010 年 5 月至 2011 年 4 月专用站与蓬安站平均 320 cm 地温差值表(℃)

月份	5	6	7	8	9	10	11	12	1	2	3	4
三坝	16.2	17.2	18.6	20.2	21.2	21.3	20.7	19.5	17.8	16.2	15.5	15.5
蓬安	16.9	18.0	19.5	21.4	22.6	22.7	21.7	20.2	18.1	16.4	15.7	15.7
差值	0.7	0.8	0.9	1.2	1.4	1.4	1.0	0.7	0.3	0.2	0.2	0.2

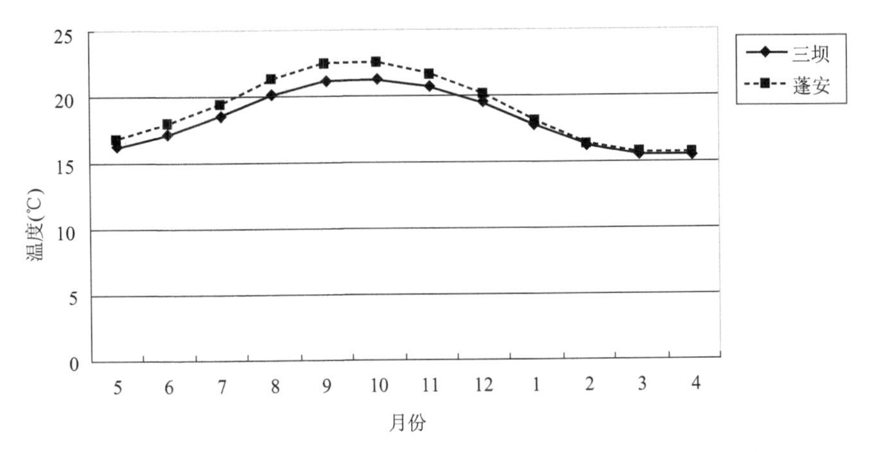

图 4.4.69　2010 年 5 月至 2011 年 4 月专用站与蓬安站各月平均 320 cm 地温变化对比图

(2)相关性分析

专用站与蓬安站 320 cm 地温的相关系数见表 4.4.40，2010 年 5 月至 2011 年 4 月专用站与蓬安站各月 320 cm 地温的相关性见图 4.4.70，年 320 cm 地温的相关性见图 4.4.71。从图表可见总体相关性较好，相关系数最低的是 2010 年 9 月的 0.8591，其余月份均高于 0.93。

表 4.4.40　2010 年 5 月至 2011 年 4 月专用站与蓬安站 320 cm 地温的相关系数($y=ax+b$)

月	5	6	7	8	9	10	11	12	1	2	3	4	年
a	0.9329	0.9187	0.9135	0.8537	0.8238	0.6146	0.762	0.6942	0.8519	1.0510	1.3894	0.8788	0.8474
b	0.3844	0.6787	0.8435	1.9779	2.6409	7.3990	4.1320	5.4314	2.3845	−0.9744	−6.3400	1.7184	2.1747
R	0.9956	0.9977	0.9926	0.9899	0.8591	0.9654	0.9954	0.9340	0.9994	0.9965	0.8991	0.9481	0.9964

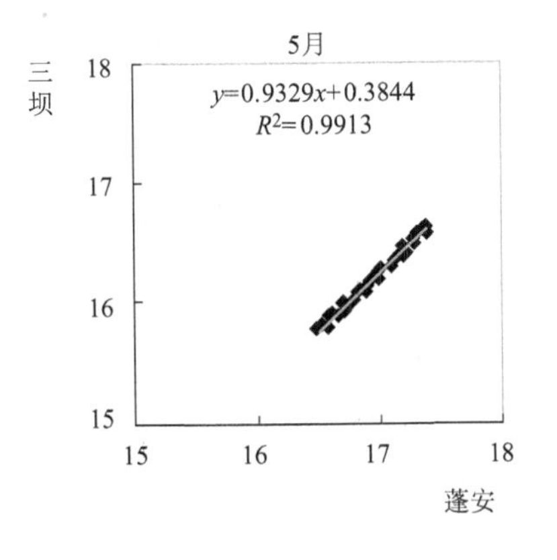

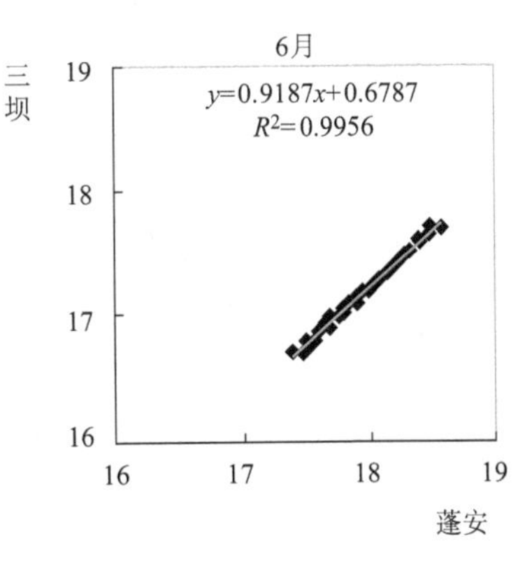

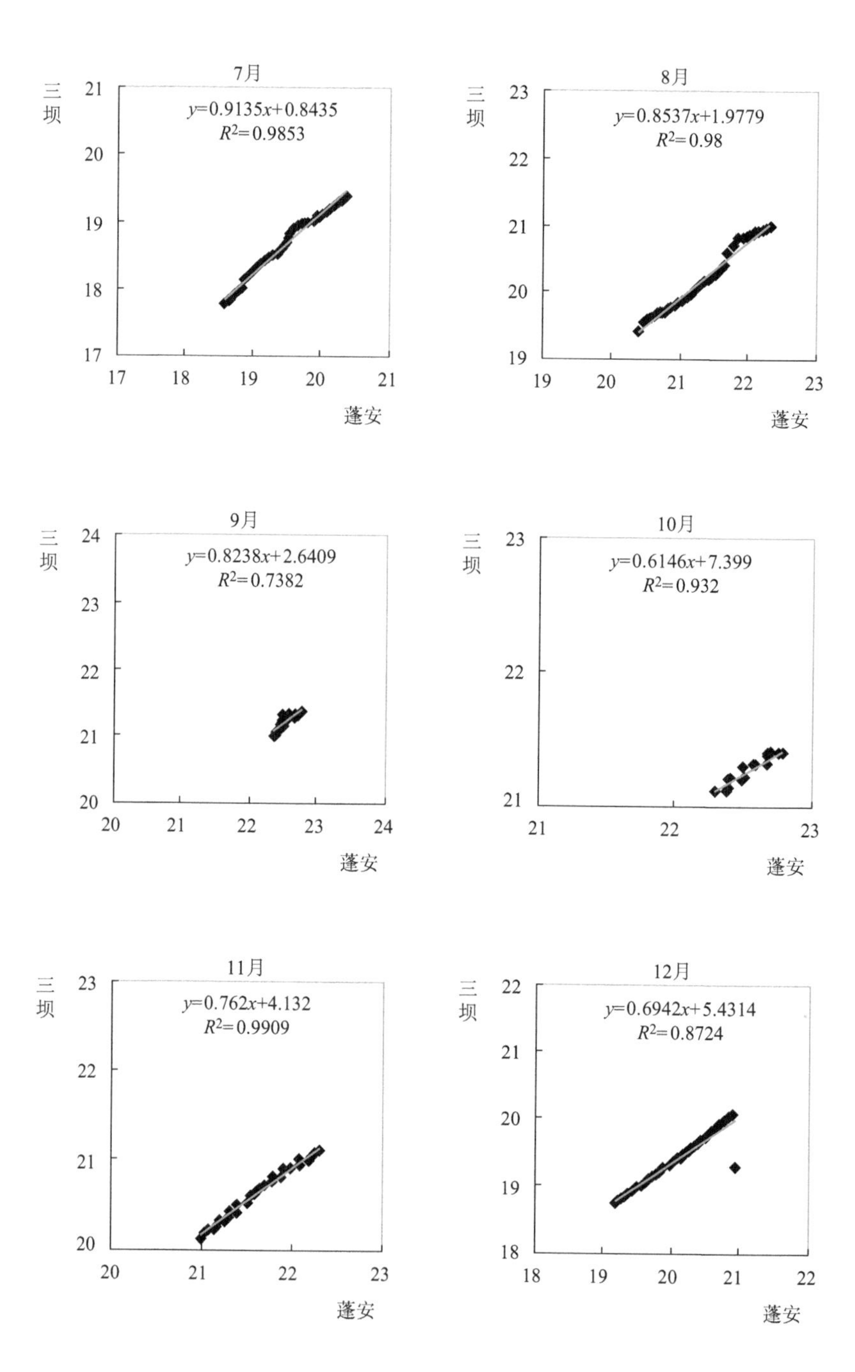
7月
三坝
蓬安
$y=0.9135x+0.8435$
$R^2=0.9853$
8月
三坝
蓬安
$y=0.8537x+1.9779$
$R^2=0.98$
9月
三坝
蓬安
$y=0.8238x+2.6409$
$R^2=0.7382$
10月
三坝
蓬安
$y=0.6146x+7.399$
$R^2=0.932$
11月
三坝
蓬安
$y=0.762x+4.132$
$R^2=0.9909$
12月
三坝
蓬安
$y=0.6942x+5.4314$
$R^2=0.8724$

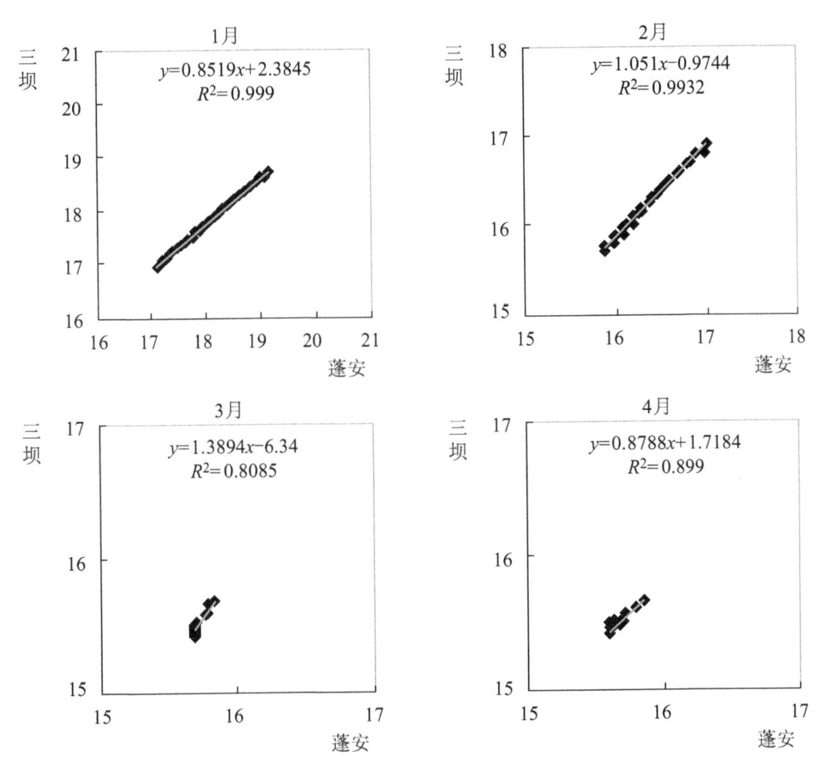

图 4.4.70　2010 年 5 月至 2011 年 4 月专用站与蓬安站各月 320 cm 地温相关性图

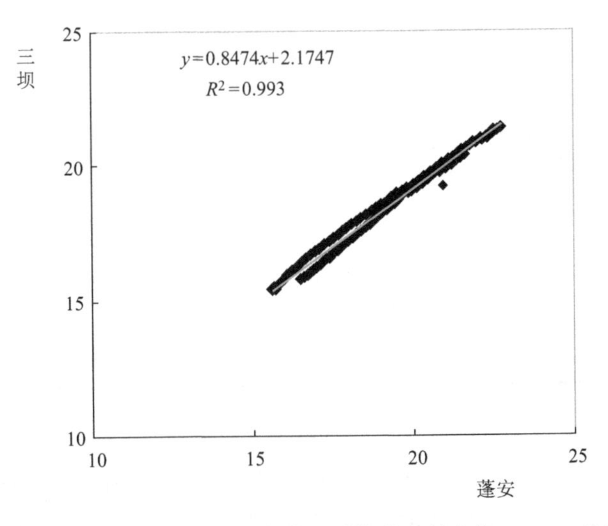

图 4.4.71　2010 年 5 月至 2011 年 4 月专用站与蓬安站全年 320 cm 地温相关性图

4.4.10 日照

图 4.4.72 为 2010 年 5 月至 2011 年 4 月三坝厂址专用站与蓬安站全年逐日日照的相关性图，从图可见其相关关系密切。综合分析得出：蓬安站日照基本具备代表性。

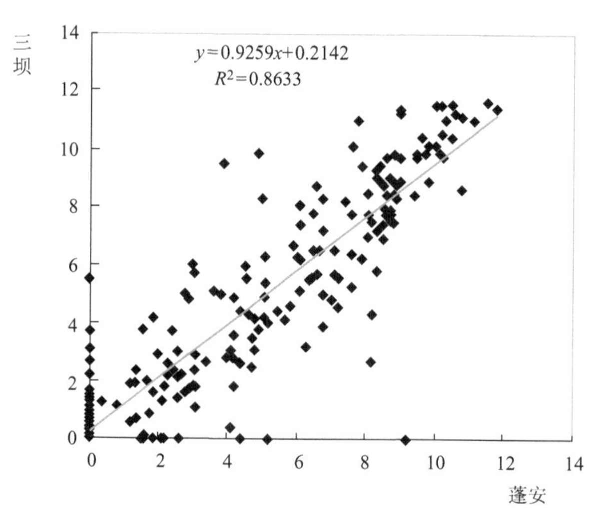

图 4.4.72 2010 年 5 月至 2011 年 4 月专用站与蓬安站全年日照相关性图

4.4.11 湿球温度

(1)差值分析

根据表 4.4.41 和图 4.4.73 分析，蓬安站与专用站逐月平均湿球温度变化趋势一致，蓬安站与专用站差值 0.1～0.4 ℃。

表 4.4.41 2010 年 5 月至 2011 年 4 月专用站与蓬安站平均湿球温度差值表(℃)

月份	5	6	7	8	9	10	11	12	1	2	3	4
三坝	18.3	21.4	25.0	23.8	21.4	15.9	11.9	6.1	2.6	7.1	8.3	15.2
蓬安	17.9	21.1	25.1	23.6	21.5	16.3	12.3	6.3	2.8	7.4	8.5	15.7
差值	−0.4	−0.3	0.1	−0.2	0.1	0.4	0.4	0.2	0.2	0.3	0.2	0.5

(2)相关性分析

专用站与蓬安站湿球温度的相关系数见表 4.4.42，2010 年 5 月至 2011 年 4 月专用站与蓬安站各月湿球温度的相关性见图 4.4.74，年湿球温度的相关性见图 4.4.75。从图表可见总体相关性较好，相关系数最低的是 2010 年 7 月的 0.9557，其余月份都超过了 0.97。

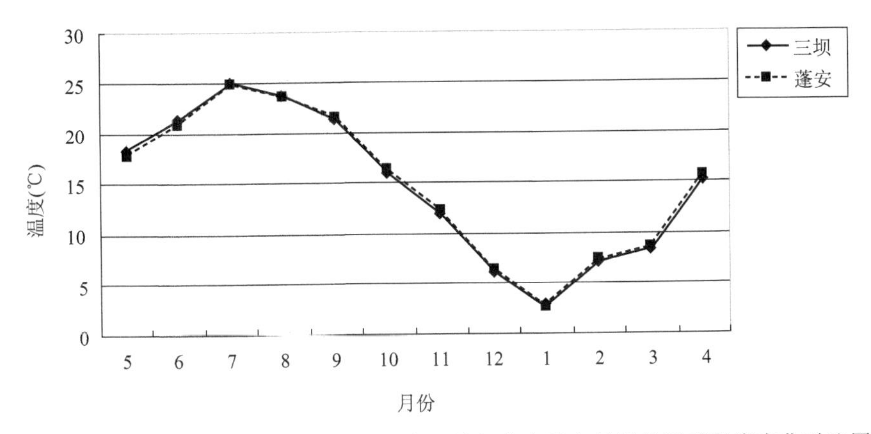

图 4.4.73　2010 年 5 月至 2011 年 4 月专用站与蓬安站各月平均湿球温度变化对比图

表 4.4.42　专用站与蓬安站湿球温度的相关系数($y=ax+b$)

月	5	6	7	8	9	10	11	12	1	2	3	4	年
a	1.0008	0.9564	1.0453	1.0973	1.0485	0.9957	1.0201	0.9857	0.9830	0.9863	0.9709	1.0107	1.0167
b	0.3686	1.2148	−1.2359	−2.1404	−1.1416	−0.3273	−0.6255	−0.1634	−0.1119	−0.1759	−0.0135	−0.6214	−0.3762
R	0.9893	0.9954	0.9557	0.9915	0.9974	0.9962	0.9934	0.9971	0.9764	0.9980	0.9941	0.9983	0.9989

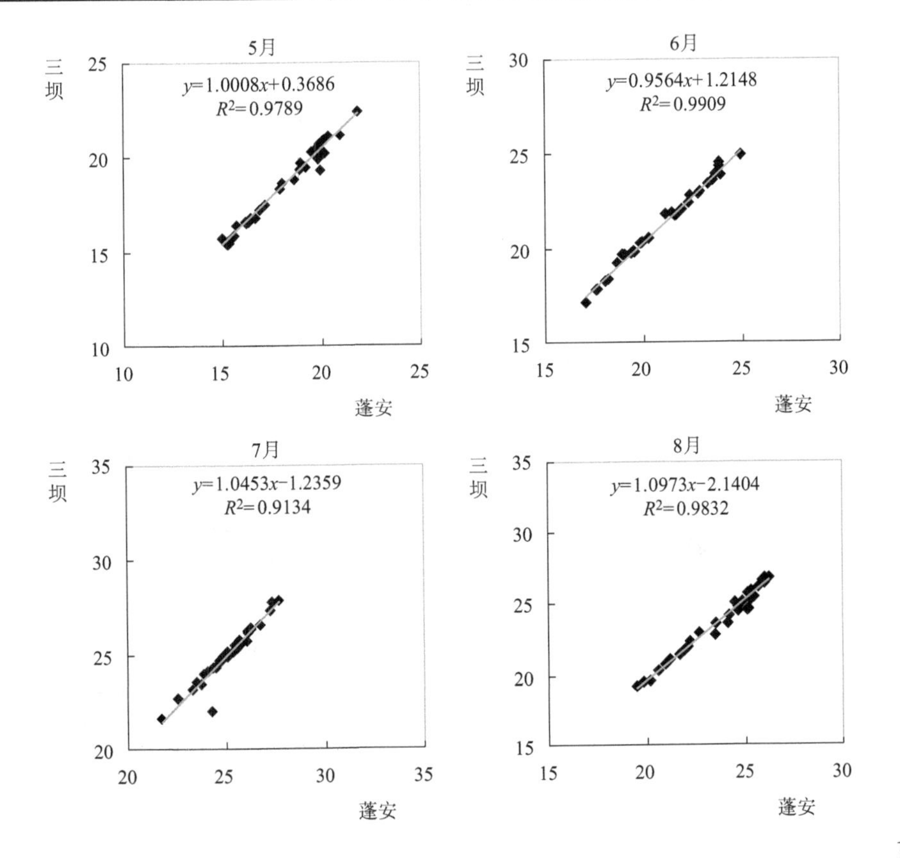

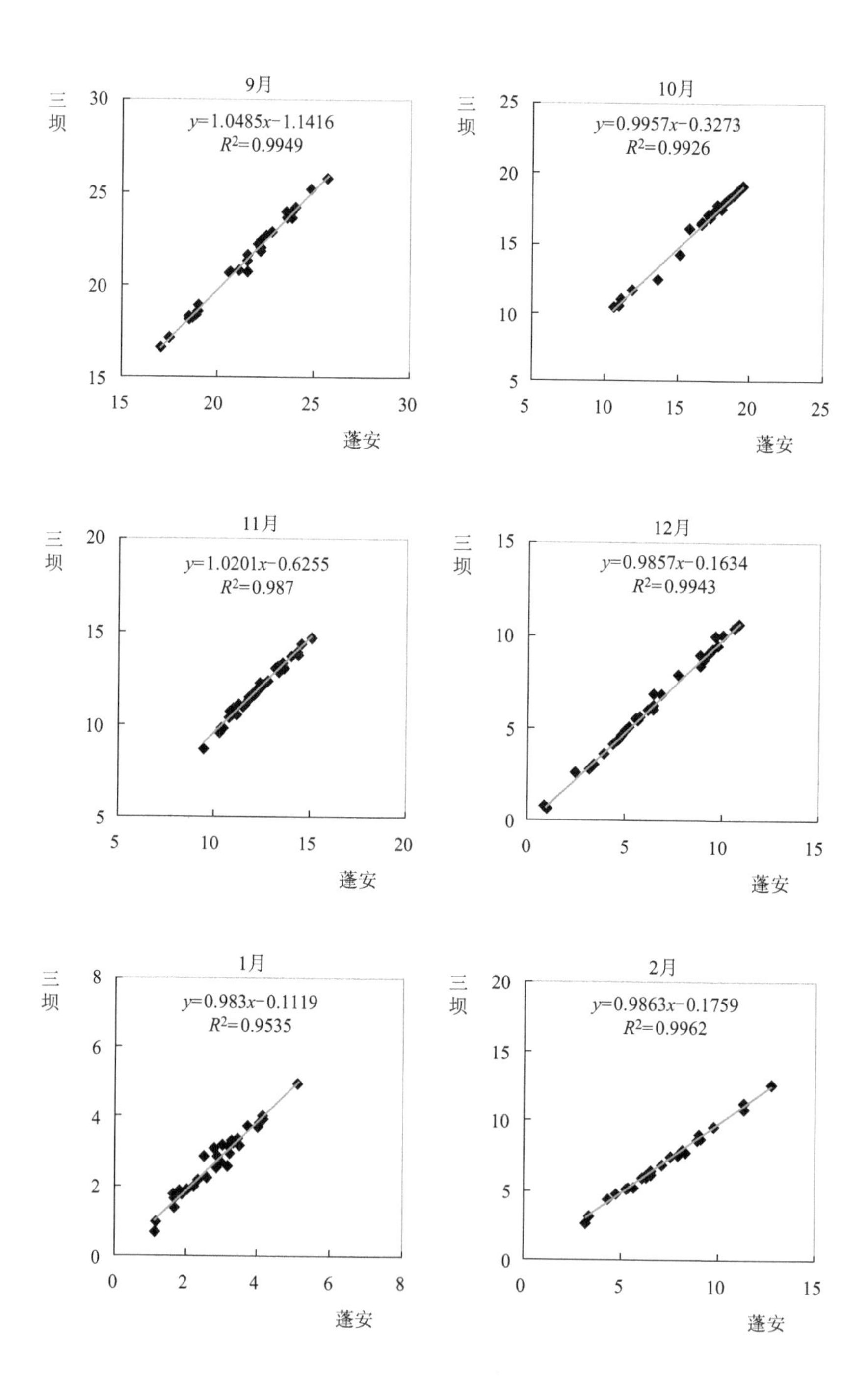
9月
三坝
蓬安
y=1.0485x−1.1416
R²=0.9949
10月
三坝
蓬安
y=0.9957x−0.3273
R²=0.9926
11月
三坝
蓬安
y=1.0201x−0.6255
R²=0.987
12月
三坝
蓬安
y=0.9857x−0.1634
R²=0.9943
1月
三坝
蓬安
y=0.983x−0.1119
R²=0.9535
2月
三坝
蓬安
y=0.9863x−0.1759
R²=0.9962

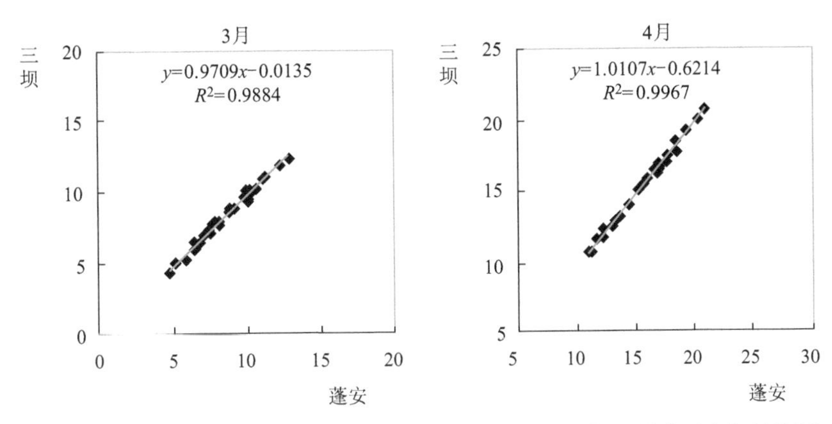

图 4.4.74　2010 年 5 月至 2011 年 4 月专用站与蓬安站各月湿球温度相关性图

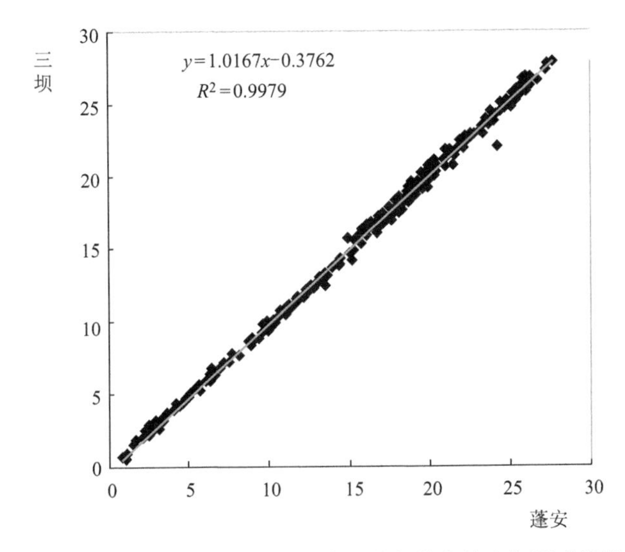

图 4.4.75　2010 年 5 月至 2011 年 4 月专用站与蓬安站全年湿球温度相关性图

4.4.12　专用站累年气象要素推算成果

应用专用站与蓬安站的相关关系，将蓬安站 1959 年至 2009 年共 50 年资料统计的月、年平均气压、气温、相对湿度及风速推算至专用站，成果见表 4.4.43。

表 4.4.43　2010 年 5 月至 2011 年 4 月专用站累年气象要素推算成果

项目	1	2	3	4	5	6	7	8	9	10	11	12	全年
平均气压(hPa)	983.0	980.3	976.6	972.8	969.8	966.1	963.5	966.1	972.8	978.9	982.2	984.1	974.7
平均气温(℃)	6.1	8.3	12.5	17.5	21.5	24.3	27.0	26.9	22.3	17.4	12.4	7.7	17.0

续表

项目	1	2	3	4	5	6	7	8	9	10	11	12	全年
平均相对湿度(%)	84	81	78	78	78	80	80	78	83	86	85	86	81
平均风速(m/s)	1.4	1.6	2.1	2.1	2.1	1.9	2.0	1.9	1.9	1.5	1.5	1.4	1.8

4.5 结论

三坝厂址专用气象站观测场位于厂址东侧边缘，地势平坦开阔，四周无屏蔽物，能代表核电站建成后的厂址及其附近地区的风场、温度场和大气弥散条件。

专用站仪器设备选用CAWS600-SE型自动记录观测仪器，符合中国气象局气测函〔2008〕119号文件相关要求，技术先进，测量精度高，性能稳定，便于维护。

专用站各观测仪器可靠正常运行，气象要素观测符合地面气象观测规范要求，观测数据准确、可靠，真实反映了核电厂址附近的气象特征。

专用站各气象要素的可靠性与合理性分析选用蓬安气象站，该站距专用站仅9 km，地形、地貌、气候等特征相近。各气象要素变化的相应性和相关性合理，专用站观测数据准确可靠，可以满足四川核电厂工程可行性研究和设计阶段的环境评价、安全评价与设计气象条件的分析论证需要。

专用气象站观测要素主要统计成果：

(1)核电厂址所在区域风速较蓬安站大。观测期年平均风速为1.4 m/s。最大月平均风速1.8 m/s，出现在2011年3月；最小月平均风速1.2 m/s，出现在2010年11月；日平均最大风速5.3 m/s，出现在2011年3月14日；2 min平均风速出现频率为：1.1～2.0 m/s为42.3%，0.6～1.0 m/s为29.2%，大于6.0 m/s为0.35%，小于或等于0.5 m/s为11.0%，小于或等于0.3 m/s为6%；小于或等于0.5 m/s风持续最长时间为16 h(1次)，大于6.0 m/s风持续最长时间为9 h(1次)，5.0～6.0 m/s风持续时间为4 h(2次)；主导风向与次主导风向分别为NE和NNE，频率分别为12%，9%；最大风速为15.6 m/s，风向为NNE，极大风速为24.0 m/s，风向东北(NE)。

(2)观测期的年平均气温17.0 ℃。最高月平均气温27.5 ℃，出现在2010年7月；最低月平均气温3.8 ℃，出现在2011年1月；最高日平均气温32.8 ℃，出现在2010年8月11日；最低日平均气温1.7 ℃，出现在2011年1月21日；极端最高气温38.9 ℃，出现在2010年8月11日；极端最低气温－2.8 ℃，出现在2011年1月21日。

(3)观测期的年平均相对湿度80%。最大月平均相对湿度83%，出现在2010年7月、10月、11月、12月；最小月相对湿度70%，出现在2011年3月；最小日平均相对湿度49%,出现在2011年3月18日。

(4)观测期年平均气压为974.8 hPa。最高月平均气压986.1 hPa,出现在2011年1月;最低月平均气压963.8 hPa,出现在2010年7月;最高日平均气压992.7 hPa,出现在2011年1月28日;最低日平均气压959.4 hPa,出现在2010年7月31日。

(5)观测期年平均水汽压16.8 hPa。最高月平均水汽压30.0 hPa,出现在2010年7月;最低月平均水汽压6.4 hPa,出现在2011年1月;最高日平均水汽压34.6 hPa,出现在2010年7月30日;最低日平均水汽压4.7 hPa,出现在2010年12月16日。

(6)观测期年降水量1164.1 mm。一日最大降水量127.0 mm,出现在2010年7月17日。

(7)观测期年总辐射量3657.79 MJ/m^2。最大月总辐射量489.84 MJ/m^2,出现在2010年8月;最小月总辐射量132.52 MJ/m^2,出现在2011年1月。观测期年净辐射量1813.84 MJ/m^2;最大月净辐射量261.50 MJ/m^2,出现在2010年7月;最小月净辐射量42.00 MJ/m^2,出现在2011年1月。